高职高专"十一五"规划教材

# 基础化学实验

顾晓梅　主编

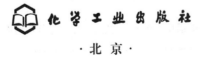

化学工业出版社

·北京·

本教材与《基础化学》（李淑华主编）配套使用。本书打破以往无机化学实验、分析化学实验和物理化学实验自成一体的界限，按照实验基本知识和实验技能要求，将基础化学实验内容进行整合、优化与更新，强化基础知识、基本操作和基本技能训练，将定性、定量分析和分离方法融于其中。内容包括化学实验室基础知识、化学实验基本操作、无机制备实验、元素及化合物性质实验、基本物理量与物化参数测定实验、定量分析与仪器分析实验等。

本书既可作为高职院校轻纺、化工、环境等专业的教材，也可作为专科层次其他相关专业的教材和参考书，还可作为职业培训教材。

**图书在版编目（CIP）数据**

基础化学实验/顾晓梅主编. —北京：化学工业出版社，2007.11（2022.9 重印）

高职高专"十一五"规划教材

ISBN 978-7-122-01328-6

Ⅰ. 基… Ⅱ. 顾… Ⅲ. 化学实验-高等学校：技术学院-教材 Ⅳ. O6-3

中国版本图书馆 CIP 数据核字（2007）第 160682 号

責任编辑：旷英姿　袁俊红　　　　　　装帧设计：韩　飞
責任校对：洪雅姝

出版发行：化学工业出版社（北京市东城区青年湖南街13号　邮政编码100011）
印　　装：北京虎彩文化传播有限公司
850mm×1168mm　1/32　印张6　字数147千字
2022 年 9 月北京第 1 版第 6 次印刷

购书咨询：010-64518888　售后服务：010-64518899
网　　址：http://www.cip.com.cn
凡购买本书，如有缺损质量问题，本社销售中心负责调换。

定　　价：19.00 元

# 前　言

　　高等职业技术教育在多年的发展中，逐步构建了较具特点的以能力本位为核心的办学理念和目标追求，培养适应生产、建设、管理、服务第一线需要的高等技术应用型专门人才的培养目标。为了适应知识的快速更新、科学技术的交叉发展，以验证化学原理为主的旧的化学实验教学体系与内容已不适应 21 世纪对人才培养的要求，必须进行改革，建立以提高学生综合素质和创新能力为主的新体系和新内容。

　　基础化学实验教学，目的是加深学生对化学的基本理论、化合物的性质及反应性能的理解，熟悉一般的物质制备、分离和分析方法，掌握基础化学的基本实验方法和操作技能。基础化学实验教学在培养学生基本操作能力的同时，还应更大可能地发挥学生的创新精神和实践能力，培养学生良好的实验素养，培养学生严谨的科学态度以及综合分析和解决实际问题的能力，同时也为后续课程的学习提供扎实的实验技能基础。

　　本教材与《基础化学》（李淑华主编）配套使用，既可作为高职高专轻纺、化工、环境等专业的教材，也可作为专科层次其他相关专业的教材和参考书。

　　本书打破以往无机化学实验、分析化学实验和物理化学实验自成一体的界限，按照实验基本知识和实验技能要求，将基础化学实验内容进行整合、优化与更新，强化基础知识、基本操作和基本技能训练，将定性、定量分析和分离方法融于其中。内容包括化学实验室基础知识、化学实验基本操作、无机制备实验、元素及化合物性质实验、基本物理量与物化参数测定实验、定量分析与仪器分析实验等。

　　本书由顾晓梅主编，参加本书编写的还有李淑华、周林芳、郑玉玲和张民。全书由顾晓梅统稿。

　　鉴于编者的学术水平和经验所限，书中难免有不足之处，衷心希望专家和读者批评指正。

编者

2007 年 9 月

# 目　　录

## 第一部分　基础化学实验基础知识和基本操作

## 第二部分　基础化学实验项目及内容

# 第一部分
## 基础化学实验基础知识和基本操作

# 第一章　化学实验基础知识

## 第一节　化学实验室规则

实验室规则是人们从长期的实验室工作经验和教训中归纳总结出来的，它可以保证正常的实验环境和工作秩序，防止意外事故发生。遵守实验室规则是做好实验的前提和保障，大家必须严格遵守。

（1）实验课前必须认真预习，明确实验目的，领会实验原理，熟悉实验内容和实验步骤，写好实验预习报告，对将要进行的实验做到心中有数。

（2）实验时，保持实验室安静，严格遵守操作规程，保证实验安全。

（3）对不熟悉的仪器和设备，应仔细阅读使用说明，听从教师指导，切不可随意动手，以防仪器损坏或事故发生。

（4）实验台应始终保持清洁有序，节约试剂，不乱扔废弃物，以免阻塞管道。

（5）实验过程中要仔细观察，将观察到的实验原始数据和实验现象如实地记录在专用的实验记录本上，而不要待实验结束后补记，也不要将原始数据记录在草稿本或其他地方。

（6）实验完毕，认真书写实验报告，回答思考题，认真总结做好实验的要领、存在的问题及进行误差分析。

（7）结束实验后，将玻璃器皿洗刷干净，仪器复原，并填写登记卡。值日生负责打扫和整理实验室，关闭水、电和煤气，并关上窗户。经老师检查合格后，值日生方能离开实验室。

## 第二节　实验室安全守则和意外事故处理

### 一、实验室安全守则

在基础化学实验中，经常使用腐蚀性的、易燃、易爆炸的或有毒的化学试剂；大量使用易损的玻璃仪器和某些精密分析仪器；使用煤气、水电等。为确保实验的正常进行和人身安全，必须严格遵守实验室的安全规则。

（1）必须熟悉实验室及其周围环境和水闸、电闸、灭火器的位置。

（2）使用电器设备时，不能用湿的手去开启电闸，以防触电。

（3）制备具有刺激性的、恶臭的、有毒的气体（如 $H_2S$、$Cl_2$、$CO$、$SO_2$、$Br_2$）或伴随产生这些气体的反应，都应在通风橱内进行。使用浓的 $HNO_3$、$HCl$、$H_2SO_4$、$HClO_4$、氨水时，均应在通风橱中操作。

（4）不能用手直接拿取试剂，要用药勺或指定的容器取用。取用一些强腐蚀性的试剂如氢氟酸、溴水等，必须戴上橡皮手套。稀释浓硫酸时，要把酸注入水中，而不可把水注入酸中。

（5）对易燃物（如酒精、丙酮、乙醚等）、易爆物（如氯酸钾），使用时要远离火源，用完后应及时加盖存放在阴凉通风处。低沸点的有机溶剂应在水浴上加热。

（6）汞盐、砷化物、氰化物等剧毒物品，使用时应特别小心。氰化物不能接触酸，因作用时产生 HCN（剧毒！）。氰化物废液应倒入碱性亚铁盐溶液中，使其转化为亚铁氰化铁盐类，然后作废液处理。严禁直接倒入下水道或废液缸中。

（7）严禁做未经教师允许的实验和任意混合各种药品，以免发生意外事故。

（8）切勿直接俯视容器中的化学反应或正在加热的液体。

（9）不得将实验室的化学药品带出实验室。

（10）水、电、煤气一经使用完毕，应立即关闭开关。

（11）实验室内严禁饮食、吸烟，一切化学药品严禁入口。实验完毕后，需认真洗手。

**二、实验室意外事故的正确处理方法**

实验时，若有事故发生，应沉着、冷静，正确应对，重伤者立即送医院治疗，轻伤时可采取如下措施。

（1）割伤。伤口处不能用手抚摸，也不能用水冲洗。先取出伤口内的异物，涂上红药水，必要时撒些消炎粉后进行包扎。伤势较重时先对伤口周围进行消毒处理，用纱布或清洁物品按住伤口压迫止血，立即送往医院。

（2）烫伤。不要用冷水洗涤伤口处，也不要弄破水泡。轻度烫伤可涂抹烫伤药膏。

（3）酸灼伤。酸溅上皮肤或眼内，立即用大量水冲洗，然后用饱和 $NaHCO_3$ 溶液（或硼砂溶液）冲洗，最后再用水冲洗如被浓硫酸溅到，应先用药棉等洁净物尽量擦净后，再按上法处理。

（4）碱灼伤。先用大量水冲洗，然后用 2% 的 HAc 溶液冲洗，再用水冲洗。如果碱溅入眼内，立即用大量水长时间冲洗，然后用 3% 的 $H_3BO_3$ 溶液洗眼，再用水冲洗。

（5）吸入刺激性或有毒气体。吸入 $H_2S$、$NO_2$ 或 CO 等有毒气体而感到不适时到室外呼吸新鲜空气。

（6）毒物进入口内。将 5～10mL 稀硫酸铜溶液加入一杯温水中，内服后，用手指伸入咽喉部，促使呕吐，吐出毒物，然后立即送医院。

（7）触电。立即切断电源，必要时对触电者进行人工呼吸。

（8）起火。不慎起火，切勿惊慌，应立即采取措施灭火，并切断电源拿走易燃药品等，以防火势蔓延。一般的小面积着火，可用湿布或沙子等覆盖燃烧物；火势较大时，根据不同的着火原因和现场情况，使用不同的灭火器材。实验人员衣服着火时，切勿惊慌乱跑，可用湿布覆盖、泼水或就地卧倒打滚等方法灭火。

## 第三节　基础化学实验常用仪器介绍

基础化学实验常用仪器列于下表。

| 仪　器 | 规　格 | 一般用途 | 使用注意事项 |
|---|---|---|---|
| <br>试管及试管架 | 试管：<br>　规格以管口直径×管长表示如 25mm×150mm、15mm×150mm、10mm×75mm<br>试管架：<br>　材料——木料、塑料或金属 | 反应容器,便于操作、观察,试剂用量少<br><br>承放试管 | ①试管可直接用火加热,但不能骤冷<br>②加热时用试管夹夹持,管口不要对人,且使其受热均匀,盛放的液体不能超过试管容积的 1/3<br>③小试管一般用水浴加热 |
| <br>离心管 | 玻璃或塑料质,分有刻度和无刻度。规格以容积表示,如25mL、15mL、10mL | 少量沉淀的辨认和分离 | 不能直接用或加热 |
| <br>比色管 | 玻璃或塑料质,有无塞和有塞之分。规格以最大容积表示,如 25mL、50mL | 用于目视比色 | ①不能用试管刷刷洗,以免划伤内壁。脏的比色管可用铬酸洗液浸泡<br>②比色时比色管应放在特制的、下面垫有白瓷板或镜子的架子上 |
| <br>烧杯 | 玻璃质,分普通型、高型,以容积表示,如 1000mL、500mL、250mL、100mL、50mL、25mL 等 | 反应容器。反应物较多时用 | ①可以加热至高温。使用时应注意勿使温度变化过于剧烈<br>②加热时底部垫石棉网,使其受热均匀 |

| 仪 器 | 规 格 | 一般用途 | 使用注意事项 |
|---|---|---|---|
| 烧瓶 | 玻璃质,有普通型和标准磨口型,规格以容积表示。如500mL、250mL、100mL、50mL | 反应容器。反应物较多,且需要长时间加热时用 | ①可以加热至高温。使用时应注意勿使温度变化过于剧烈<br>②加热时底部垫石棉或用电加热套,使其受热均匀 |
| 锥形瓶(三角烧瓶) | 玻璃质,规格以容积表示。如500mL、250mL、100mL | 反应容器。摇荡比较方便,适用于滴定操作 | ①可以加热至高温。使用时应注意勿使温度变化过于剧烈<br>②加热时底部垫石棉,使其受热均匀 |
| 碘量瓶 | 玻璃质,规格以容积表示,如250mL、100mL | 用于碘量法 | ①塞子及瓶口边缘的磨砂部分注意勿擦伤,以免产生漏隙<br>②滴定时打开塞子,用蒸馏水将瓶口及塞子上的碘液洗入瓶中 |
| 量筒和量杯 | 玻璃质,规格以所能量度的最大容积表示。量筒:如250mL、100mL、50mL 等。量杯:如100mL、50mL、25mL、10mL | 用于液体体积的计量 | 不能加热 |
| (a)吸量管 (b)移液管 | 玻璃质,规格以所能量度的最大容积表示。吸量管:如10mL、5mL、2mL、1mL;移液管:如50mL、25mL、10mL、5mL、2mL、1mL | 用于精确量取一定体积的液体 | 不能加热 |

| 仪　器 | 规　格 | 一般用途 | 使用注意事项 |
|---|---|---|---|
| <br>容量瓶 | 玻璃质,规格以容积表示,如 1000mL、500mL、250mL、100mL、50mL、25mL | 配制准确浓度的溶液时用 | ①不能加热<br>②不能在其中溶解固体 |
| <br>滴定管 | 玻璃质,分酸式和碱式,规格以刻度最大容积表示。如 50mL、25mL | 用于滴定操作或精确量取一定体积的液体 | ①碱式滴定管盛碱性溶液,酸式滴定管盛酸性、氧化性溶液,二者不能混用<br>②碱式滴定管不能盛氧化剂<br>③酸式滴定管旋塞应用橡皮筋固定,防止滑出跌碎 |
| <br>漏斗 | 玻璃质或搪瓷质,规格以口径和漏斗长颈长短表示,如 6cm长颈漏斗、4cm 长颈漏斗 | 用于过滤或倾注液体 | 不能用火直接加热 |
| <br>分液漏斗和滴液漏斗 | 玻璃质,规格以容积和漏斗的形状(筒形、球形、梨形)表示,如 100mL 球形分液漏斗、60mL 球形分液漏斗 | ①往反应体系中滴加较多的液体<br>②分液漏斗用于互不相容的液-液分离 | 旋塞应用细绳系于漏斗颈上,或套以小橡皮圈,防止滑出跌碎 |

| 仪 器 | 规 格 | 一般用途 | 使用注意事项 |
|---|---|---|---|
| 布氏漏斗(a)和吸滤瓶(b) | 布氏漏斗为瓷质，规格以直径表示。如 10cm、8cm、6cm、4cm 吸滤瓶为玻璃质，规格以容积表示。如 500mL、250mL、125mL | 用于减压过滤 | 不能用火直接加热 |
| 玻璃砂(滤)坩埚 | 又称烧结漏斗、细菌漏斗。漏斗为玻璃质，砂芯滤板为烧结陶瓷。其规格以砂芯板孔的平均孔径和漏斗的容积表示 | 用于细颗粒沉淀以至细菌的分离，也可用于气体洗涤和扩散实验 | ①不能用于含氢氟酸、浓碱液及活性炭等物质的分离，避免腐蚀而造成微孔堵塞或玷污 ②不能用火直接加热 |
| 表面皿 | 玻璃质，规格以直径表示，如 15cm、12cm、9cm、7cm | 盖在蒸发皿或烧杯上以免液体溅出或灰尘落入 | 不能用火直接加热 |
| (a)广口瓶 (b)细口瓶 试剂瓶 | 玻璃质或塑料质，分广口瓶和细口瓶。规格以容积表示，如 1000mL、500mL、250mL、125mL | 广口瓶(a)盛放固体试剂，细口瓶(b)盛放液体试剂 | ①取用试剂时，瓶盖应倒放在桌上 ②不能用火直接加热 |
| 蒸发皿 | 瓷质，也有用玻璃、石英或金属制成的。分有柄、无柄。规格以口径或容积表示，如 150mL、100mL、50mL | 用于蒸发浓缩液体 | 可耐高温，能用火直接加热，但高温时不能骤冷 |
| 坩埚 | 有瓷、石英、铁、镍、铂及玛瑙等材质，规格以容积表示。如 50mL、40mL、30mL | 用于灼烧固体 | 可直接灼烧至高温 |

| 仪　器 | 规　格 | 一般用途 | 使用注意事项 |
|---|---|---|---|
| 坩埚钳 | 铁或铜合金,表面常镀镍、铬 | 夹持坩埚和坩埚盖 | ①不要和化学药品接触,以免腐蚀②夹持高温坩埚时,钳尖需预热,用后钳尖应向上放置 |
| 干燥器 | 玻璃质,分普通干燥器和真空干燥器,规格以上口直径表示。如18cm、15cm、10cm | 内放干燥剂,用于样品的干燥和保存 | ①灼烧过的物体放入干燥器前温度不能过高②使用前要检查干燥器内的干燥剂是否失效 |
| 滴管 | 由尖嘴玻璃管与橡皮乳头构成 | ①吸取或滴加少量液体②吸取沉淀上层清液以分离沉淀 | ①滴加时要保持垂直,避免倾斜,尤忌倒立②管尖不可接触其他物体,以免玷污 |
| 滴瓶 | 玻璃质,有无色和棕色。规格以容积表示。如125mL、60mL | 盛放每次使用只需数滴的液体试剂 | ①见光易分解的试剂要用棕色瓶盛放②其他使用注意事项同滴定管 |
| 点滴板 | 瓷质,有黑色和白色两种,按凹穴数目分有十二穴、九穴、六穴等 | 用于点滴反应,一般不需分离的沉淀反应,尤其是显色反应 | ①不能加热②白色沉淀用黑色板,有色沉淀用白色板 |
| 称量瓶 | 玻璃质,分扁型和高型,规格以外径×瓶高表示,如25mm×40mm、50mm×30mm | 需要准确称取一定量的固体样品时用 | ①不能用火加热②盖与瓶配套,不能互换 |

| 仪　器 | 规　格 | 一般用途 | 使用注意事项 |
|---|---|---|---|
| 铁架台 | 由铁架台(a)、铁圈(b)和铁夹(c)组成 | 用于固定反应容器 | 应先将铁夹等升至合适的高度并旋紧螺丝,使之牢固后再进行实验 |
| 石棉网 | 由铁丝编成,中间涂有石棉,规格以铁边长表示,如15mm×15mm、20mm×20mm | 加热玻璃反应容器时垫在容器的底部,能使加热均匀 | 不要与水接触,以免铁丝锈蚀,石棉脱落 |
| 药匙 | 由牛角或塑料制成,有长短各种规格 | 取固体物质时用 | 不能用以取灼热的药品,用后应洗净擦干 |
| 研钵 | 用瓷、玻璃、玛瑙或金属制成,规格以钵口径表示,如12cm、9cm | 研磨固体物质及固体物质的混合 | ①不能做反应容器 ②不能用火直接加热 |
| 洗瓶 | 塑料制品,多为500mL | 用蒸馏水或去离子水洗涤沉淀和容器时用 | |
| 三脚架 | 铁制品 | 放置较大或较重的加热容器 | |

# 第二章　化学实验基本操作

## 第一节　常用玻璃器皿的洗涤与干燥

### 一、器皿的洗涤

基础化学实验中要求使用洁净的器皿，因此，在使用前必须将器皿充分洗净。常用的洗涤方法如下。

（1）用水刷洗。用水和毛刷洗涤除去器皿上的污渍和其他不溶性和可溶性杂质。

（2）用肥皂、合成洗涤剂洗涤。洗涤时先将器皿用水湿润，再用毛刷蘸少许洗涤剂，将仪器内外洗刷一遍，然后用水边冲边刷洗，直至洗净为止。

（3）用铬酸洗液（简称洗液）洗涤。洗液的配制：将 8g 重铬酸钾用少量水润湿，慢慢加入 180mL 粗浓硫酸，搅拌以加速溶解，冷却后储存于磨口试剂瓶中。将被洗涤器皿尽量保持干燥，倒少许洗液于器皿中，转动器皿使其内壁被洗液浸润（必要时可用洗液浸泡），然后将洗液倒回原装瓶内以备再用（若洗液的颜色变绿，则另作处理）。再用水冲洗器皿内残留的洗液，直至洗净为止。如用热的洗液洗涤，则去污能力更强。

洗液主要用于洗涤被无机物玷污的器皿，它对有机物和油污的去污能力也较强，常用来洗涤一些口小、管细等形状特殊的器皿，如吸管、容量瓶等。

洗液具有强酸性、强氧化性，对衣服、皮肤、桌面、橡皮等有腐蚀作用，使用时要特别小心。另外六价铬对人体有害，又污染环境，应尽量少用。已还原成绿色的铬酸洗液，可加入固体

KMnO₄ 使其再生。

（4）盐酸-乙醇洗液。将化学纯的盐酸和乙醇按 1：2 的体积比混合，此洗液主要用于洗涤被染色的吸收池、比色管、吸量管等。

除上述清洗方法外，还可以用超声波清洗器。只要把用过的器皿放在配有合适洗涤剂的溶液中，接通电源，利用声波的能量和振动，就可以将仪器清洗干净，既省时又方便。

不论用上述哪种方法洗涤器皿，最后都必须用自来水冲洗，再用蒸馏水或去离子水荡洗三次。洗净的器皿，放去水后内壁应只留下均匀一薄层水，如壁上挂着水珠，说明没有洗净，必须重洗。

### 二、器皿的干燥

可根据不同的情况，采用下列方法将洗净的器皿干燥。

（1）晾干。实验结束后将洗净的器皿倒置于干净的实验柜内或容器架上自然晾干，以供下次实验使用。

（2）烤干。烧杯和蒸发皿可以放在石棉网上用小火烤干。试管可以直接用火烤干，操作时应将管口朝下，并不时来回移动试管，待水珠消失后，将管口朝上，以便水气逸出。

（3）烘干。将洗净的器皿放进烘箱中烘干。放进烘箱前要先把水沥干，器皿口应朝下。

（4）有机溶剂干燥。在洗净的器皿内加入少量有机溶剂（最常用的是酒精和丙酮），再将其倾斜转动，壁上的水即与有机溶剂混合，然后倾出混合物，留在器皿内的有机溶剂快速挥发，而使器皿干燥。

有刻度的量器不能用加热的方法干燥，加热会影响这些容器的精密度，还可能造成破裂。一般采用晾干或有机溶剂干燥的方法，吹风时宜用冷风。

## 第二节　常用容量仪器及基本操作

实验室中用于度量液体体积常用以下几种容量仪器。

## 一、量筒和量杯

量筒和量杯是实验室常用的量具。常见量筒和量杯的容量有10mL、20mL、50mL、100mL等，可根据量取液体的量选用，测量误差通常为量筒最大测量体积的±2%左右。如果量8mL液体，应选用10mL量筒，如用100mL量筒来量取，则误差较大。

量取液体时，液面呈弯月形。要获得正确的读数，应使视线与弯月形的最低点保持水平，如图2-1所示。视线偏高或偏低（俯视或仰视）都会造成误差。

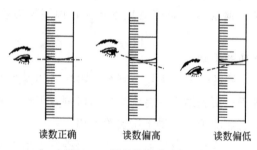

读数正确　　　　　读数偏高　　　　　读数偏低

图2-1　量筒的读数方法

## 二、移液管和吸量管

移液管和吸量管都是用于准确移取一定体积溶液的玻璃量器。移液管的中间有一膨大部分（图2-2），管颈上部刻有一标线，用来控制所吸取溶液的体积。移液管的容积单位为毫升（mL），其容量为在一定的温度时按规定方式排空后所流出纯水的体积。吸量管是带有分刻度的玻璃管，如图2-3所示，用于吸取不同体积的液体。

移液管或吸量管吸取溶液之前，首先应该用铬酸洗液将其洗净，使其内壁及下端的外壁均不挂水珠。然后经自来水和蒸馏水荡洗三次，用滤纸片将流液口内外残留的水擦掉。移取溶液之前，先用欲移取的溶液荡洗三次。方法是：用洗净并烘干的小烧杯倒出一部分欲移取的溶液，用移液管吸取溶液5～10mL，立即用右手食指按住管口（尽量勿使溶液回流，以免稀释），将管

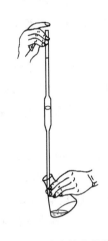

图 2-2　移液管的操作

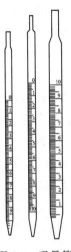

图 2-3　吸量管

横过来，用两手的拇指及食指分别拿住移液管的两端，转动移液管并使溶液布满全管内壁，当溶液流至距上口 2～3cm 时，将管直立，使溶液由尖嘴（流液口）放出，弃去。

用移液管自容量瓶中移取溶液时，右手拇指及中指拿住管颈刻线以上的地方，将移液管插入容量瓶内液面以下 1～2cm 深度。不要插入太深，以免外壁沾带溶液过多；也不要插入太浅，以免液面下降时吸空。左手拿洗耳球，排除空气后紧按在移液管口上，借吸力使液面慢慢上升，移液管应随容量瓶中液面的下降而下降。当管中液面上升至刻线以上时，迅速用右手食指堵住管口（食指最好是潮而不湿），用滤纸擦去管尖外部的溶液，将移液管的尖嘴靠着容量瓶颈的内壁，左手拿容量瓶，并使其倾斜约30°。稍松食指，用拇指及中指轻轻捻转管身，使液面缓慢下降，直到调定零点。按紧食指，使溶液不再流出，将移液管移入准备接受溶液的容器中，仍使其尖嘴接触倾斜的器壁。松开食指，使溶液自由地沿壁流下（图 2-2），待溶液流至尖嘴后，再等待 15s，以促使残留在管尖的液体流出。但不要把 15s 后仍残留在管尖的液体吹出，因为在校准移液管体积时，没有把这部分液体算在内（如果管上有"吹"或"快吹"字样，则要将管尖的液体吹出）。

注意：在调整零点和排放溶液过程中，移液管都要保持垂直，其尖嘴要接触倾斜的器壁（不可接触下面的溶液）并保持不动；移液管用完应放在管架上，不要随便放在实验台上，尤其要防止管颈下端被玷污。

吸量管的使用方法与移液管大致相同。但移取溶液时，由于吸量管的容量精度低于移液管，所以在移取 2mL 以上固定量溶液时，应尽可能使用移液管。使用吸量管时，尽量在最高标线调整零点，避免使用末端，因为末端处的刻度不太准。

### 三、滴定管

滴定管是可放出不固定量液体的玻璃量器，主要用于滴定分析中对滴定剂体积的测量。滴定管一般分成酸式和碱式两种（图2-4）。酸式滴定管的刻度管和下端的尖嘴玻璃管通过玻璃旋塞相连，适于盛酸性或氧化性的溶液；碱式滴定管的刻度管和尖嘴玻璃管之间通过乳胶管相连，在乳胶管中装有一颗玻璃珠，用以控制溶液的流出速度。碱式滴定管用于装盛碱性溶液，不能用来放

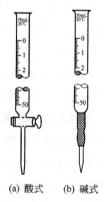

(a) 酸式　　(b) 碱式

图 2-4　酸式和碱式滴定管

置高锰酸钾、碘和硝酸银等能与乳胶起作用的溶液。常用的滴定管的容量有 10mL、25mL、50mL 等。

### 1. 滴定管的准备

新拿到一支滴定管，用前应先作一些初步检查。如酸式管旋塞是否匹配，碱式管的乳胶管孔径与玻璃球大小是否合适，乳胶管是否有孔洞、裂纹和硬化，滴定管是否完好无损等。初步检查合格后，进行下列准备工作。

（1）洗涤。滴定管可用自来水冲洗或用细长的刷子蘸洗衣粉液洗刷，但不能用去污粉。去污粉的细颗粒很容易黏附在管壁上，不易清洗除去。也不要用铁丝做的毛刷刷洗，因为容易划伤器壁，引起容量的变化，并且划伤的表面更易藏污垢。如果经过刷洗后内壁仍有油脂（主要来自于旋塞润滑剂）或其他能用铬酸洗液洗去的污垢，可用铬酸洗液荡洗或浸泡。对于酸式滴定管，可直接在管中加入洗液浸泡，而碱式滴定管则要先拔去乳胶管，换上一小段塞有短玻璃棒的橡皮管，然后用洗液浸泡。总之，为了尽快而方便地洗净滴定管，可根据脏物的性质，弄脏的程度，选择合适的洗涤剂和洗涤方法。无论用哪种方法洗，最后都要用自来水充分洗涤，继而用蒸馏水荡洗三次。洗净的滴定管在水流去后内壁应均匀地润上一薄层水，若管壁上还挂有水珠，说明未洗净，必须重洗。

（2）涂凡士林。使用酸式滴定管时，为使旋塞旋转灵活而又不致漏水，一般需将旋塞涂一薄层凡士林。其方法是将滴定管平放在实验台上，取下旋塞芯，用吸水纸将旋塞芯和旋塞槽内擦干。然后分别在旋塞的大头表面上和旋塞槽小口内壁沿圆周均匀地涂一层薄薄的凡士林（也可将凡士林涂在旋塞芯的两头），在旋塞孔的两侧，小心地涂上一细薄层，以免堵塞旋塞孔。将涂好凡士林的旋塞芯插进旋塞槽内，向同一方向旋转旋塞，直到旋塞芯与旋塞槽接触处全部呈透明而没有纹路为止（图 2-5）。涂凡士林要适量，过多，可能会堵塞旋塞孔，过少则起不到润滑的作

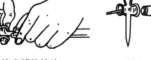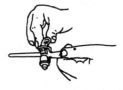

(a) 旋塞槽的擦法     (b) 旋塞涂油法     (c) 旋塞的旋转法

图 2-5 旋塞涂凡士林

用，甚至造成漏水。把装好旋塞的滴定管平放在桌面上，让旋塞的小头朝上，然后在小头上套一个小橡皮圈（或用橡皮筋固定）以防旋塞脱落。在涂凡士林过程中特别要小心，切莫让旋塞芯跌落在地上，造成整支滴定管报废。

（3）检漏。检漏的方法是将滴定管用水充满至"0"刻度附近，然后夹在滴定管夹上，用吸水纸将滴定管外擦干，静置1min，检查管尖或旋塞周围有无水渗出，然后将旋塞转动180°，重新检查。如有漏水，必须重新涂油。

（4）滴定剂溶液的加入。加入滴定剂溶液前，先用蒸馏水荡洗滴定管三次，每次约10mL。荡洗时，两手平端滴定管，慢慢旋转，让水遍及全管内壁，然后从两端放出。再用待装溶液荡洗三次，用量依次为10mL、5mL、5mL。荡洗方法与用蒸馏水荡洗时相同。荡洗完毕，装入滴定液至"0"刻度以上，检查旋塞附近（或橡皮管内）及管端有无气泡。如有气泡，应将其排出。排出气泡时，对酸式滴定管是用右手拿住滴定管使它倾斜约30°，左手迅速打开旋塞，使溶液冲下将气泡赶掉；对碱式滴定管可将橡皮管向上弯曲，捏住玻璃珠的右上方，气泡即被溶液压出，如图2-6所示。

2. 滴定管的操作方法

滴定管应垂直地夹在滴定管架上。使用酸式滴定管滴定时，左手无名指和小指弯向手心，用其余三指控制旋塞旋转，如图2-7所示。注意不要将旋塞向外顶，也不要太向里紧扣，以免使

*18*

图 2-6　碱式滴定管中气泡的赶出

旋塞转动不灵。

　　使用碱式滴定管时，左手无名指和中指夹住尖嘴，拇指与食指向侧面挤压玻璃珠所在部位稍上处的乳胶管，使溶液从缝隙处流出，如图 2-8 所示。但要注意不能使玻璃珠上下移动，更不能捏玻璃珠下部的乳胶管。

图 2-7　酸式滴定管的操作

图 2-8　碱式滴定管的操作

　　3. 滴定方法

　　在锥形瓶中进行滴定时，右手前三指拿住瓶颈，瓶底离瓷板约 2～3cm 将滴定管下端伸入瓶口约 1cm。左手如前述方法操作滴定管，边摇动锥形瓶，边滴加溶液。滴定时应注意以下几点。

　　（1）摇瓶时，转动腕关节，使溶液向同一方向旋转（左旋、右旋均可），但勿使瓶口接触滴定管出口尖嘴。

　　（2）滴定时，左手不能离开旋塞任其自流。

　　（3）眼睛应注意观察溶液颜色的变化，而不要注视滴定管的液面。

（4）溶液应逐滴滴加，不要流成直线。接近终点时，应每加1滴，摇几下，直至加半滴使溶液出现明显的颜色变化。加半滴溶液的方法是先使溶液悬挂在出口尖嘴上，以锥形瓶口内壁接触液滴，再用少量蒸馏水吹洗瓶壁。

（5）用碱式滴定管滴加半滴溶液时，应放开食指与拇指，使悬挂的半滴溶液靠入瓶口内，再放开无名指与中指。

（6）每次滴定应从"0"分度开始。

（7）滴定结束后，弃去滴定管内剩余的溶液，随即洗净滴定管，并用水充满滴定管，以备下次再用。

若在烧杯中进行滴定，烧杯应放在白瓷板上，将滴定管出口尖嘴伸入烧杯约1cm。滴定管应放在左后方，但不要靠杯壁，右手持玻棒搅动溶液。加半滴溶液时，用玻棒末端承接悬挂的半滴溶液，放入溶液中搅拌。注意玻棒只能接触液滴，不能接触管尖。

溴酸钾法、碘量法等需在碘量瓶中进行反应和滴定。碘量瓶是带有磨口玻璃塞和水槽的锥形瓶（图 2-9），喇叭形瓶口与瓶塞柄之间形成一圈水槽，槽中加纯水可形成水封，防止瓶中溶液反应生成的气体（$Br_2$、$I_2$ 等）逸出。反应一定时间后，打开瓶塞水即流下并可冲洗瓶塞和瓶壁，接着进行滴定。

图 2-9　碘量瓶

**4. 滴定管的读数**

读数应遵照下列原则。

（1）读数时，可将滴定管夹在滴定管架上，也可以右手指夹持滴定管上部无刻度处。不管用哪一种方法读数，均应使滴定管保持垂直状态。

（2）读数时，视线应与液面成水平。视线高于液面，读数将偏低；反之，读数偏高（图 2-10）。

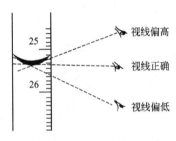

图 2-10　读数时视线的方向

（3）对于无色或浅色溶液，应该读取弯月面下缘的最低点。溶液颜色太深而不能观察到弯月面时，可读两侧最高点（图2-11）。初读数与终读数应取同一标准。

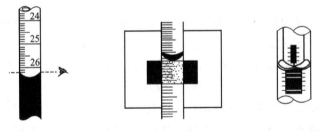

图 2-11　深色溶液的读数　　图 2-12　读数卡　　图 2-13　蓝条滴定管

（4）读数应估计到最小分度的 1/10。对于常量滴定管，读到小数后第二位，即估计到 0.01mL。

（5）初学者练习读数时，可在滴定管后衬一黑白两色的读数卡（图 2-12）。将卡片紧贴滴定管，黑色部分在弯月面下约 1mm

处，即可看到弯月面反映层呈黑色，读取黑色弯月面的最低点。

（6）乳白板蓝线衬背的滴定管，无色溶液液面的读数应以两个弯月面相交的最尖部分为准（图 2-13），深色溶液也是读取液面两侧的最高点。

### 四、容量瓶

容量瓶是细颈梨形平底玻璃瓶，由无色或棕色玻璃制成（图 2-14），带有磨口玻璃塞，颈上有一标线。容量瓶主要用于配制准确浓度的溶液或定量地稀释溶液。

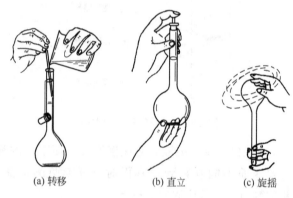

(a) 转移　　　　　　(b) 直立　　　　　(c) 旋摇

图 2-14　容量瓶的使用

容量瓶使用前，必须检查瓶口是否漏水。检漏时，在瓶中加水至刻线附近，盖上瓶塞，用一手食指按住瓶塞，将瓶倒立 2min，观察瓶塞周围是否渗水。然后将瓶直立，将瓶塞旋转 180°再检查一次，若仍不渗水，即可使用。

用固体物质（基准试剂或被测样品）配制溶液时，应先在烧杯中将固体物质完全溶解后再转移至容量瓶中。转移时要使溶液沿玻璃棒流入瓶中，其操作方法如图 2-14(a) 所示。当烧杯中的溶液流尽后，在烧杯仍靠着玻璃棒的情况下，让玻璃棒沿烧杯嘴稍向上提起至杯嘴，再慢慢竖起烧杯，使烧杯和玻璃棒之间附着的液滴流回烧杯中，再将玻璃棒末端残留的液滴靠入瓶口内。在瓶口上方将玻璃棒放回烧杯内，但不得将玻璃棒靠在烧杯嘴一

22

边。然后再用少量蒸馏水（或其他溶剂）冲洗烧杯3～4次，洗出液按上法全部转移入容量瓶中。当溶液达2/3容量时，应将容量瓶沿水平方向轻轻摆动几周以使溶液初步混匀。再加水至刻线以下约1cm，等待1～2min，最后用滴管从刻线以上1cm以内的一点沿颈壁缓缓加水至弯液面最低点与标线上边缘水平相切，随即盖紧瓶塞，左手捏住瓶颈上端，食指压住瓶塞，右手三指托住瓶底[图2-14(b)]，将容量瓶颠倒多次，每次颠倒时都应使瓶内气泡升到顶部，倒置时应水平摇动几周[图2-14(c)]，如此重复操作，可使瓶内溶液充分混匀。100mL以下的容量瓶，可不用右手托瓶，一只手抓住瓶颈及瓶塞进行颠倒和摇动即可。

注意：对璃璃有腐蚀作用的溶液，如强碱溶液，不能在容量瓶中久储，配好后应立即转移到其他容器（如塑料试剂瓶）中密闭存放。

# 第三节 化学试剂

## 一、化学试剂的级别

试剂的纯度对实验分析结果准确度的影响很大，不同的分析工作对试剂纯度的要求也不相同。因此，必须了解试剂的分类标准，以便正确使用试剂。

根据化学试剂中所含杂质的多少，将实验室普遍使用的一般试剂划分为四个等级，具体的名称、标志和主要用途见表2-1。

表2-1 试剂的级别和主要用途

| 级 别 | 中文名称 | 英文缩写 | 标签颜色 | 主 要 用 途 |
|---|---|---|---|---|
| 一级 | 优级纯 | G. R. | 绿 | 精密分析实验 |
| 二级 | 分析纯 | A. R. | 红 | 一般分析实验 |
| 三级 | 化学纯 | C. P. | 蓝 | 一般分析实验 |
| 生物化学试剂 | 生化试剂、生物染色剂 | B. R. | 黄色 | 生物化学及医化学实验 |

此外，还有基准试剂、色谱纯试剂、光谱纯试剂等。基准试

剂的纯度相当于或高于优级纯试剂。色谱纯试剂是在最高灵敏度下以 $10^{-10}$ g 下无杂质峰来表示的。光谱纯试剂专门用于光谱分析，它是以光谱分析时出现的干扰谱线的数目及强度来衡量的，即其杂质含量用光谱分析法已测不出或其杂质含量低于某一限度。

高纯试剂和基准试剂的价格要比一般试剂高数倍乃至数十倍。因此，应根据分析工作的具体情况进行选择，不要盲目地追求高纯度。滴定分析常用的标准溶液，一般应选用分析纯试剂配制，再用基准试剂进行标定。仪器分析实验一般使用优级纯或专用试剂，测定微量或超微量成分时应选用高纯试剂。

按规定，试剂的标签上应标明试剂名称、化学式、摩尔质量、级别、技术规格、产品标准号、生产许可证号、生产批号、厂名等，危险品和毒品还应给出相应的标志。若上述标记不全，应提出质疑。当所购试剂的纯度不能满足实验要求时，应将试剂提纯后再使用。

## 二、试剂的保管

试剂保管不善或取用不当，极易变质和玷污。这在基础化学实验中往往是引起误差甚至造成失败的主要原因之一。因此，必须按一定的要求保管试剂。

（1）易腐蚀玻璃的试剂，如氟化物、苛性碱等，应保存在塑料瓶或涂有石蜡的玻璃瓶中。

（2）易氧化的试剂（如氯化亚锡、低价铁盐）、易风化或潮解的试剂（如 $AlCl_3$、无水 $Na_2CO_3$、$NaOH$ 等），应用石蜡密封瓶口。

（3）易受光分解的试剂，如 $KMnO_4$、$AgNO_3$ 等，应用棕色瓶盛装，并保存在暗处。

（4）易受热分解的试剂、低沸点的液体和易挥发的试剂，应保存在阴凉处。

（5）剧毒试剂如氰化物、三氧化二砷、二氯化汞等，必须特别妥善保管和安全使用。

（6）对于易燃、易爆、强腐蚀性、强氧化性的存放应特别加以注意，一般按要求需要分类单独存放。

（7）盛装试剂的试剂瓶都应贴上标签，并写明试剂的名称、纯度和配制日期，标签外面应涂蜡或用透明带等保护。

**三、试剂的取用**

首先看清标签再打开瓶塞，瓶塞应倒放在实验台上。如瓶塞非平顶，则用中指和食指将它夹住或放在清洁的表面皿上，决不能将瓶塞横放在实验台上，以免玷污。取完试剂后应立即将瓶盖紧并放回原处，严禁弄错瓶塞。

1. 固体试剂的取用

（1）左手持瓶稍倾斜，右手持洁净、干燥的药勺伸入瓶内，从瓶口往内观察，调节所取药量。如果试剂用量很少，可用药勺另一端的小勺。用过的药勺必须洗净、擦干后再取另一种试剂，或者专勺专用。

（2）注意按指定量取药品，多取的不能倒回原处，只能放在另一指定的容器中备用。

（3）需要称量时，可将药品放在洁净的干纸上（勿用滤纸）或表面皿上。药品用量较大或易吸湿的可用烧杯等盛装。

（4）将固体试剂加入试管中时，所用试管必须干燥。将盛试剂的药勺或对折的纸条平行地伸进试管约 2/3 处（图 2-15），再将试管慢慢竖直，将药品倾入管底。如用小勺取用少量药品时，试管可以垂直，小勺在管口上水平旋转将药品倒入（图 2-16）。加入块状固体（如锌粒），应将试管倾斜，让其沿管壁慢慢滑入（图 2-17）。

图 2-15　往试管中送入固体试剂

图 2-16　用小勺加少量固体　　图 2-17　块状固体沿管壁慢慢滑下

**2. 液体试剂的取用**

（1）从细口瓶中取试剂。右手持试剂瓶，手心朝向贴有标签的一侧，将瓶口紧靠试管、烧杯或量筒的边缘。缓慢倾斜瓶子，让试剂沿壁徐徐流入［图2-18(a)、(b)］。倾出所需要量的试剂后，逐渐竖起瓶子，稍加停留后再离开盛器，使遗留在瓶口的试剂全部流回，以免弄脏试剂瓶的外壁。

用烧杯等大口容器盛取溶液时，可用一根洁净的玻璃棒紧靠瓶口，让溶液沿着它徐徐流入杯内［图2-18(c)］。玻璃棒随着液面上升逐渐往上提。倒出需要量的溶液后，慢慢竖起瓶子，稍加停留，再拿开玻璃棒，并随即洗净。

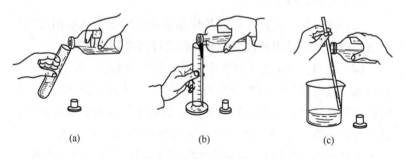

(a)　　　　　　　　(b)　　　　　　　　(c)

图 2-18　倾注法取液体试剂

（2）从滴瓶中取试剂。用中指和无名指夹住滴管颈部，拇指和食指虚按橡皮乳头，提起滴管（图2-19）。如果滴管中已存有溶液，即可滴用。如无溶液，则轻压橡皮乳头赶出空气后，随即伸入溶液，放松手指吸入溶液。切勿在滴瓶内驱气鼓泡，以免溶液变质。滴管取出后切不可横置或倒置，以免溶液流入橡皮乳头而腐蚀橡皮和玷污溶液。

如将溶液滴入试管中时，不要将滴管伸入管内，否则容易碰到管壁而玷污。通常在管口上方约 0.5cm 处将试剂滴入（图 2-20）。在试管反应中，加入的溶液不要超过试管总容量的 1/2。

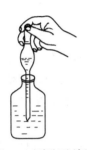

图 2-19　滴瓶取溶液

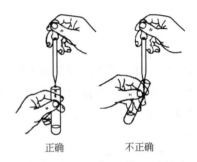

正确　　　　　不正确

图 2-20　用滴管将试剂加入试管中

取完试剂后，滴管应立即插回原瓶，切忌"张冠李戴"，也不可用自己的滴管去取公用试剂。

## 第四节　气体的发生、净化和干燥

### 一、气体的发生

实验室常用启普发生器来制备氢气、硫化氢及二氧化碳等。它的构造是由一个葫芦状的玻璃容器 1 和球形漏斗 2 组成 [图 2-21(a)]。固体原料如锌粒、硫化铁、碳酸钙等放在中间圆球内，并事先在圆球底部周围缝隙放些玻璃棉或垫上橡皮圈，防止固体掉入下半球。固体的装入量以不超过容积的 1/3 为宜 [图 2-21(b)]，然后将酸加入上端的漏斗中。

使用时打开旋塞 3，由于压力差，中间圆球内的气体从旋塞 3 被赶出，漏斗中酸液自动下降，由底部通过缝隙进入中间球体与固体接触，反应随即发生并产生气体。当停止使用时，只要关

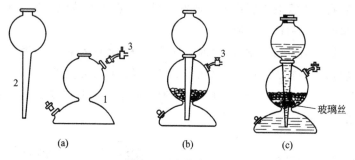

图 2-21 启普发生器

闭旋塞,由于所产生的气体积聚在中间球体而导致压力增大,酸液又被压回上端的球形漏斗中 [图 2-21(c)]。此时,固体脱离与酸的接触,反应随即终止。下次再用时,只要再打开旋塞 3 即可。

在实验室,还可以使用气体钢瓶直接获得各种气体。气体钢瓶是储存压缩气体特制的耐压钢瓶。使用时,通过减压器(气压表)有控制地放出。由于钢瓶的内压很大(有的高达 $150 \times 10^5$ Pa),而且有些气体易燃或有毒,所以在使用钢瓶时必须严格遵守操作规程,并应在教师指导下进行。

使用钢瓶时的注意事项如下。

(1)钢瓶应存放在阴凉、干燥、远离热源(如阳光、暖气、炉火)的地方。可燃性气体钢瓶必须与氧气钢瓶分开存放。

(2)绝对不可使油或其他易燃性有机物沾在气瓶上(特别是气门嘴和减压器)。也不得用棉、麻物堵漏,以防止燃烧而引起事故。

(3)使用钢瓶中的气体时,要用减压器(气压表)。可燃性气体的钢瓶,其气门螺纹是反扣的(如氢气、乙炔气)。不燃或助燃性气体钢瓶,其气门螺纹是正扣的。各种气体和气压表不得混用。

（4）钢瓶内的气体绝不能全部用完，一定要保留 0.5kg 以上的残留压力（表压）。可燃性气体（如乙炔），应剩余 2～3kg。

（5）为了避免把各种气体瓶混淆而用错气体，通常在气瓶外面涂以特定的颜色以便区别，并在瓶上写明瓶内气体的名称。表 2-2 为中国气瓶常用标记。

表 2-2　中国气瓶常用标记

| 气体类别 | 瓶身颜色 | 标字颜色 | 气体类别 | 瓶身颜色 | 标字颜色 |
|---|---|---|---|---|---|
| 氮 | 黑 | 黄 | 二氧化碳 | 黑 | 黄 |
| 氧 | 天蓝 | 黑 | 氯 | 黄绿 | 黄 |
| 氢 | 深绿 | 红 | 乙炔 | 白 | 红 |
| 空气 | 黑 | 白 | 其他一切可燃气体 | 红 | 白 |
| 氨 | 黄 | 黑 | 其他一切不可燃气体 | 黑 | 黄 |

## 二、气体的净化和干燥

实验室制得的气体常带有酸雾、水气或其他杂质，故通常让气体通过洗气瓶 [图 2-22(a)]、干燥塔 [图 2-22(b)] 等进行洗涤和干燥。洗气瓶中装有水或玻璃棉，以除去酸雾。除去水分时，需选用和所制气体不发生反应的干燥剂。

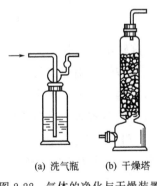

(a) 洗气瓶　(b) 干燥塔

图 2-22　气体的净化与干燥装置

# 第五节　加热方法

在化学实验室中，常用的加热设备有煤气灯、酒精灯、各种电加热器等。

## 一、煤气灯

煤气灯的式样虽多，但构造原理基本相同。最常用的煤气灯的构造如图 2-23 所示。它由灯座和金属灯管两部分组成，金属灯管下部有螺旋，可与灯座相连，灯管下部还有几个圆孔，为空气的入口，旋转金属灯管可改变圆孔大小，以调节空气的进入量。灯座侧面有煤气的入口，可用橡皮管把它和煤气阀门相连，把煤气导入灯内。另一侧面有一螺旋针，用以调节煤气的进入量。松开螺旋针，灯座内进入煤气的孔道放大，煤气的进入量即增加，反之则减少。

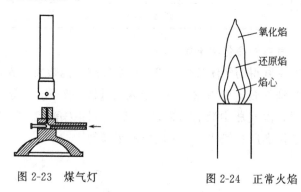

图 2-23　煤气灯　　　　　图 2-24　正常火焰

使用煤气灯时，旋转金属灯管，关闭空气入口，打开煤气阀门，把煤气点燃。调节煤气阀门或灯座上的螺旋针，使火焰保持适当的高度。这时煤气燃烧不完全，并且部分分解产生碳粒，火焰呈黄色（系碳粒发光所产生的颜色），温度不高。旋转金属灯管，调节空气的进入量，使煤气燃烧完全，火焰由黄色变为蓝色，这时的火焰，称为正常火焰（图 2-24）。正常火焰分为 3 层。

焰心——煤气与空气混合物，并未完全燃烧，温度低，约300℃。

还原焰（内焰）——煤气仅燃烧成CO，这部分火焰具有还原性，称还原焰，呈淡蓝色，温度较高。

氧化焰（外焰）——煤气完全燃烧，过剩的空气使这部分火焰具有氧化性，称氧化焰，温度最高。最高温度可达800～900℃，火焰呈淡紫色。实验时，一般都用氧化焰来加热。

空气和煤气的进入量不合适，会产生不正常的火焰。当煤气和空气的进入量都很大时，火焰临空燃烧，称临空火焰。这种火焰不稳定，易熄灭。当煤气量很小、空气量很大时，煤气在灯管内燃烧，还会产生吼声，在管口只见一细长的火焰，这种火焰叫侵入火焰。

无论遇到哪种不正常情况都应立即关闭煤气阀门，待灯管冷却后重新调节和点燃。

**二、酒精灯**

酒精灯的加热温度为400～500℃，适用于温度不太高的实验。

酒精灯是由灯帽、灯芯和盛有酒精的灯壶所组成。灯的颈口与灯头（瓷套管）连接是活动的。使用酒精灯时应注意（图2-25）以下几点。

（1）灯内酒精不可装得太满，一般不应超过酒精灯容积的

图 2-25　酒精灯的使用

2/3，以免移动时洒出或点燃时受膨胀而溢出。

（2）点燃酒精灯之前，先将灯头提起，吹去灯内的酒精蒸气。

（3）点燃酒精灯时，要用火柴引燃，不能用燃着的酒精灯引燃，避免灯内的酒精洒在外面，着火而引起事故。

（4）熄灭酒精灯时要用灯罩盖熄火焰。待火焰熄灭片刻，还需再提起灯盖一次，通一通气再罩好，以免下次使用时揭不开盖子。

（5）添加酒精时，应把火焰熄灭，然后借助于漏斗把酒精加入灯内。

### 三、电加热器

根据需要，实验室还常用电炉（图 2-26）、电加热套（图 2-27）、管式炉（图 2-28）、马弗炉（图 2-29）和干燥箱（图 2-30）等多种电器进行加热。管式炉和马弗炉一般都可以加热到 1000℃以上，并且适宜于某一温度下长时间恒温。干燥箱可以控制在 300℃以下的任一温度，对仪器和样品进行任意时间的烘干。

图 2-26　电炉

图 2-27　电加热套

图 2-28　管式炉

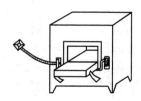

图 2-29　马弗炉

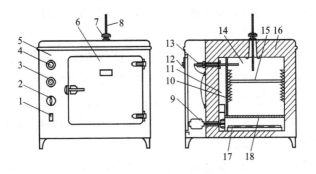

图 2-30　101 型电热鼓风干燥箱

1—鼓风开关；2—加热开关；3—指示灯；4—温度控制器旋钮；5—箱体；

6—箱门；7—排气阀；8—温度计；9—鼓风电动机；10—搁板支架；

11—风道；12—侧门；13—温度控制器；14—工作室；15—搁板；

16—保温层；17—电热器；18—散热板

# 第六节　溶解和结晶

## 一、固体的溶解

固体的颗粒较小时，可用适量水直接溶解。固体的颗粒较大时，先用研钵进行粉碎。放入固体的量不要超过研钵总容量的 1/3，对于大颗粒固体不能用磨杆敲击，只能压碎。

为了加快固体的溶解，可以加热，同时搅拌。搅拌时，手持玻璃棒在容器内均匀地转圈（图 2-31）。注意：搅拌时，搅棒不

图 2-31　搅动溶液的手法

要碰击或摩擦容器，也不要用力过猛，以防溶液飞溅。

## 二、蒸发浓缩

在无机物的提纯、制备过程中，通常需要将稀溶液进行蒸发、浓缩以便获得结晶。蒸发操作通常在蒸发皿中进行，皿内所盛溶液不应超过容积的 2/3，余下溶液可以随时添加，但切不可蒸干，以便使少量杂质留在母液中除去。在蒸发过程中，必要时可适当搅拌以防爆溅。

当溶液蒸发到一定程度后，经冷却即有晶体析出。一般情况如溶液蒸发后不是太浓，同时缓慢冷却且不加搅拌，会得到较大的晶体。反之，溶液较浓，在搅拌下迅速冷却，则得到细小晶体。有些物质的溶液易出现比较稳定的过饱和状态，无晶体析出，这时，需加入少量该物质的晶体，作为晶种促使该过饱和溶液析出结晶。

## 三、重结晶

重结晶是使不纯的物质通过重结晶而获得纯化的过程，它是提纯固体的重要方法之一。把待提纯的物质溶解在适当的溶剂中，滤去不溶物后进行蒸发浓缩，浓缩到一定浓度时，经冷却就会析出溶质的晶体。当结晶一次所得物质的纯度不合要求时，可以重新加入尽可能少的溶剂晶体，经蒸发后再进行结晶。

# 第七节　沉淀的分离和洗涤

从溶液中分离出沉淀可用过滤法和离心分离法，在这些操作过程中同时进行洗涤。当沉淀的密度较大时，在静置过程中就能沉降到容器的底部，此时，小心将上层清液倾出，另加少量蒸馏水或其他洗涤剂，充分搅拌后静置，再倾出上层清液。采用这种倾析法反复洗涤后再过滤，效果更佳。

## 一、过滤法

实验室常采用的过滤方法有常压过滤和减压过滤。

1. 常压过滤

过滤前先把滤纸对折再对折（暂不折死）。然后展开成圆锥体后（图2-32），放入漏斗中，若滤纸圆锥体与漏斗不密合，可改变滤纸折叠的角度，直到与漏斗密合为止（这时可把滤纸折死）。滤纸的上缘应低于漏斗口约0.5cm。为了使滤纸三层的那边能紧贴漏斗，常把这三层的外面两层撕去一角（撕下来的纸角保存起来，以备为擦烧杯或漏斗中残留的沉淀用）。用手指按住滤纸中三层的一边，以少量的水润湿滤纸，使它紧贴在漏斗壁上。轻压滤纸，赶走气泡。加水至滤纸边缘使之形成水柱（即漏斗颈中充满水）。若不能形成完整的水柱，可一边用手指堵住漏斗下口，一边稍掀起三层那一边的滤纸，用洗瓶在滤纸和漏斗之间加水，使漏斗颈和锥体的大部分被水充满，然后一边轻轻按下掀起的滤纸，一边断续放开堵在出口处的手指，即可形成水柱。将这种准备好的漏斗安放在漏斗板上盖上表面玻璃，下接一洁净烧杯，烧杯的内壁与漏斗出口尖处接触，然后开始过滤。

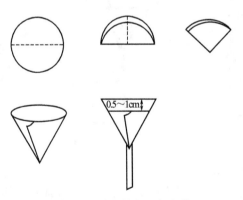

图2-32　滤纸的折叠与安放

过滤的操作步骤如下。

（1）将漏斗放在漏斗架或铁圈上，漏斗颈下尖端应紧靠在滤液接受器的壁上（图2-33），以使滤液沿器壁顺流而下，避免滤液溅出。

（2）手持玻璃棒，让它直立在漏斗中的三层滤纸一边，但勿触及滤纸以免戳破。然后将烧杯口紧靠玻璃棒，让溶液沿玻璃棒缓慢倒入漏斗中，见图 2-33。每次倒入溶液的量不能超过滤纸的 2/3。倒毕，让玻璃棒沿烧杯嘴稍向上提起至杯嘴，再将烧杯慢慢竖直，以免溶液流到烧杯外壁。

（3）先倒出上层清液，后转移沉淀。转移时用洗瓶挤出少量水，均匀冲洗烧杯壁，让沉淀集中于烧杯底部，再将沉淀搅起并立即转到滤纸上。如此重复多次，最后残留部分可用洗瓶挤出少量水将其全部冲洗到滤纸上（图 2-34）。在漏斗内的沉淀应低于滤纸上缘 0.5cm。

（4）洗涤沉淀时，一般用洗瓶挤出蒸馏水进行洗涤（图2-35），并且应采取每次用水少、洗涤次数多、两次之间应尽量滤干的方法，这样才能获得较好的洗涤效果。

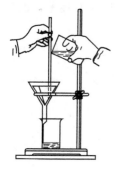  

图 2-33　过滤　　　　图 2-34　沉淀的转移　　图 2-35　沉淀的洗涤

2. 减压过滤

减压过滤俗称吸滤或抽滤，是由真空泵或水循环式多用真空泵将吸滤瓶内的空气抽出，降低瓶内气压而促使过滤加速。常用的减压过滤装置如图 2-36 所示。它是由减压单元（水抽气泵）和过滤单元通过橡皮管相连而组成。水抽气泵的工作原理是水泵内有一窄口 A，当水流急剧流经窄口时，水即把空气带出，使吸

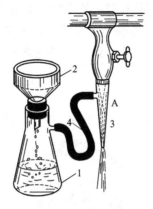

图 2-36　吸滤装置

1—吸滤瓶；2—布氏漏斗；3—水抽气泵；

4—橡皮管；A—窄口

滤瓶内的压力减小，在布氏漏斗内的滤纸面上下形成压力差，从而提高滤速，减压过滤操作过程如下。

（1）先剪好一张比布氏漏斗底部内径略小，但又能把全部瓷孔都盖住的圆形滤纸。

（2）把滤纸放入漏斗内，用少量水润湿滤纸。微开水龙头，按图 2-36 装置连好（注意漏斗端的斜口应对着吸滤瓶的吸气嘴），滤纸便吸紧在漏斗上。

（3）过滤时，将溶液沿着玻璃棒流入漏斗（注意：溶液不要超过漏斗总容量的 2/3），然后将水龙头开大，待溶液滤下后，转移沉淀，并将其平铺在漏斗中，继续抽吸，至沉淀比较干燥为止。在吸滤瓶中滤液高度不得超过吸气嘴。吸滤过程中，不得突然关闭水泵，以免自来水倒灌。

（4）当过滤完毕时，要记住先拔掉橡皮管，再关水龙头，以防由于滤瓶内压力低于外界压力而使自来水吸入滤瓶，把滤液玷污（这一现象称为倒吸）。为了防止倒吸而使滤液玷污，也可在吸滤瓶与抽气水泵之间装一个安全瓶。

（5）洗涤沉淀时拔掉橡皮管，加入洗涤液湿润沉淀，并用玻璃棒轻轻搅拌一下。再接上橡皮管，让洗涤液慢慢透过全部沉淀。最后尽量将沉淀抽干。如沉淀需洗涤多次则重复以上操作，直至达到要求为止。

## 二、离心分离法

实验室常用电动离心机（图 2-37）进行沉淀的分离。

图 2-37 自动离心机

使用时将盛有待分离物的离心试管或小试管放入离心机的试管套内。如果只有一支离心管的沉淀需要进行分离，则需在其对称位置上，必须放入一支装有与分离物质量相近的水的离心试管或小试管，使离心机的两臂呈平衡状态。放好离心管后，盖好离心机的盖子，然后打开旋钮并逐渐旋转变阻器，使转速由小到大，一般调至每分钟 2000 转左右。运转 2～3min 后，逐渐恢复变阻器，让其自行停止转动，切不可施加外力强行停止。待其停转后，打开盖子，取出离心试管。注意，千万不能在离心机高速旋转时打开盖子，以免发生伤人事故。

在离心试管中进行固液分离时，用一根带有毛细管的长滴管，先用拇指和食指挤出橡皮乳头中的空气，随即伸入液面下，慢慢放松橡皮乳头，溶液被缓缓吸入滴管，滴管应随着液面下降而深入，但切勿触及沉淀，见图 2-38（a）。当沉淀上面留存的少量溶液吸不出时，可将毛细管尖端轻轻触及液面，利用毛细作用，可将溶液基本吸尽，见图 2-38（b）。若需洗涤沉淀，可加入少量的水，用玻璃棒充分搅拌后，再进行离心分离。通常洗涤 1～2 次即可。

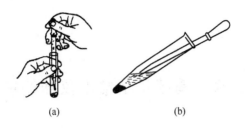

(a)　　　　　　　(b)

图 2-38　用滴管吸出沉淀上的溶液

# 第三章 基础化学常用仪器的使用

## 第一节 天　平

实验室常用的称量仪器是台秤和分析天平。台秤能迅速称量物质的质量，但精确度不高，一般只能准确到 0.1g；分析天平则能达到 0.0001g。

### 一、台秤

台秤又称托盘天平，其构造见图 3-1。使用前先调整台秤的零点。将游码 $D$ 拨到游码标尺左端的"0"位上，观察台秤的指针 $A$ 是否停在分度盘 $B$ 的中间位置，否则可旋转平衡调节螺丝 $C$，使指针在刻度盘上左右摆动几乎相等，最后将停留在中间位置，此即零点。

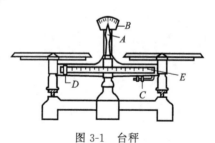

图 3-1　台秤

称量时，左盘放称量物，右盘放砝码。添加砝码时应从大到小。在添加刻度标尺 $E$ 以内的质量时（例如 10g 或 5g），可移动标尺上的游码，直至指针的位置与零点相符（允许偏差在 1 小格以内）。

称量时需注意以下几点。

（1）不能称量热的物品。

（2）称量物不能直接放在秤盘上，根据情况可放在洁净光滑的纸上、表面皿或烧杯中。称量物及盛器的总质量不能超过台秤的最大载重。

（3）称量完毕，将砝码放回盒内原处，游码退回到"0"位，使台秤各部分恢复原状。

（4）保持清洁，不慎撒落在秤盘上的药品应立即除去并擦净。

**二、分析天平**

分析天平是精确测定物体质量的计量仪器，也是化学化工实验中常用的仪器。熟练使用分析天平进行称量是分析工作者应具有的一项基本实验技能。

常用的分析天平有半机械加码电光天平、全机械加码电光天平和单盘电光天平等。各种型号和规格的双盘等臂天平，其构造和使用方法大同小异，现以 TG-328B 型半机械加码电光天平为例，介绍这类天平的构造和使用方法。

1. 结构

天平的外形和结构如图 3-2 所示。

（1）天平横梁是天平的主要构件，一般由铝合金制成。三个玛瑙刀等距安装在梁上，梁的两边装有 2 个平衡螺丝，用来调整横梁的平衡位置（即粗调零点），梁的中间装有垂直的指针，用以指示平衡位置。支点刀的后上方装有重心螺丝，用以调整天平的灵敏度。

（2）横梁两端的承重刀上分别悬挂两个吊耳，吊耳的上钩挂有秤盘，下钩挂空气阻尼器。空气阻尼器是由两个特制的铝合金圆筒构成，其外筒固定在立柱上，内筒挂在吊耳上。两筒间隙均匀，没有摩擦，开启天平后，内筒能自由上下运动，由于筒内空气阻力的作用使天平横梁很快停摆而达到平衡。

（3）指针下端装有缩微标尺（图 3-3），光源通过光学系统

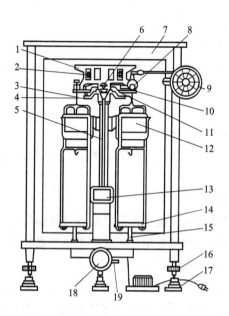

图 3-2　TG-328B 型半机械加码电光天平

1—横梁；2—平衡铊；3—吊耳；4—翼子板；5—指针；6—支点刀；
7—框罩；8—圈形砝码；9—指数盘；10—支柱；11—折叶；12—阻
尼内筒；13—投影屏；14—秤盘；15—盘托；16—螺旋脚；
17—垫脚；18—升降旋钮；19—投影屏调节杆

将缩微标尺上的分度线放大，再反射到投影屏上，从屏上（光幕）可看到标尺的投影，中间为零，左负右正。屏中央有一条垂直刻线，标尺投影与该线重合处即为天平的平衡位置。天平箱下的投影屏调节杆可将光屏在小范围内左右移动，用于细调天平零点。缩微标尺刻有 10 大格，每个大格相当于 1mg，每个大格又分为 10 小格（即 10 分度），每分度相当于 0.1mg。因此在投影屏上可直接读出 10mg 以下至 0.1mg 的质量。

（4）天平升降旋钮，位于天平底板正中，它连接托梁架、盘托和光源。开启天平时，顺时针旋转升降旋钮，托梁架即下降，梁上的三个刀口与相应的玛瑙平板接触，吊钩及秤盘自由摆动，同时接通了光源，屏幕上显出标尺的投影，天平已进入工作状态。停止称量时，关闭升降旋钮，则横梁、吊耳及秤盘被托住，刀口与玛瑙平板离开，光源切断，屏幕黑暗，天平进入休止状态。

为了保护刀口，旋转旋钮带动升降枢纽可以使天平慢慢托起或放下。当天平不使用时应将横梁托起，使刀口与玛瑙平板分开。切不可接触未将天平梁托起的天平，以免磨损刀口。

（5）天平箱下装有三个脚，前面的两个脚带有旋钮，可使底板升降，用以调节天平的水平位置。天平立柱的后上方装有气泡水平仪，用来指示天平的水平位置。

（6）机械加码器是用来添加 1g 以下、10mg 以上的圈形小砝码。使用时转动圈码指数盘（图 3-4），可使天平梁右端吊耳上加 10～990mg 圈形砝码。指数盘上刻有圈码的质量值，内层为 10～90mg 组，外层为 100～900mg 组。

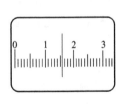

图 3-3 缩微标尺

图 3-4 圈码指数盘

2. 使用方法

分析天平是精密仪器，使用时要认真、仔细，要预先熟悉使用方法，否则容易出错，使得称量不准确或损坏天平部件。

（1）检查天平是否正常。如：天平是否水平；秤盘是否洁净；圈码指数盘是否在"000"位；圈码有无脱位；吊耳是否错位等。

（2）调节零点。接通电源，打开升降旋钮，此时在光屏上可以看到标尺的投影在移动，当标尺稳定后，如果屏幕中央的刻线与标尺上的 0.00 位置不重合，可拨动投影屏调节杆，移动屏的位置，直到屏中刻线恰好与标尺中的"0"线重合，即为零点。如果屏的位置已移到尽头仍调不到零点，则需关闭天平，调节横梁上的平衡螺丝，再开启天平继续拨动投影屏调节杆，直至调定零点。然后关闭天平，准备称量。

（3）称量。将欲称物体先在台秤上粗称，然后放到天平左盘中心。根据粗称的数据在天平右盘上加相应的砝码。半开天平，观察标尺移动方向或指针倾斜方向（若砝码加多了，则标尺的投影向右移，指针向左倾斜）以判断所加砝码是否合适及如何调整。砝码调定后，再依次调整百毫克组和十毫克组圈码。调定圈码至 10mg 位后，完全开启天平，准备读数。砝码未完全调定时不可完全开启天平，以免横梁过度倾斜，造成错位或吊耳脱落。

（4）读数。砝码调定，关闭天平门，待标尺停稳后即可读数。被称物的质量等于砝码总量加圈码的读数，再加标尺读数（均以克计）。

（5）实验结束，仪器复原。称量、记录完毕，随即关闭天平，取出被称物，将砝码夹回盒内，圈码指数盘退回到"000"位，关闭两侧门，盖上防尘罩。

3. 使用注意事项

（1）开、关天平升降旋钮，开、关天平侧门，加、减砝码，放、取被称物等操作，其动作都要轻、缓，切不可用力过猛，否则，往往会造成天平部件脱位。

（2）调定零点及记录称量读数后，应随手关闭天平。加、减砝码和被称物必须在天平处于关闭状态下进行。砝码未调定时不可完全开启天平。

（3）称量读数时必须关闭两个侧门，并完全开启天平。双盘天平的前门仅供安装或检修天平时使用。

（4）所称物品质量不得超过天平的最大载量。称量读数必须立即记在实验记录本中，不得记在其他地方。

（5）如果发现天平不正常，应及时报告教师或实验室工作人员，不要自行处理。

（6）称量完毕，应随即将天平复原，并检查天平周围是否清洁。

（7）天平使用一定时间（半年或一年）后，要清洗、擦拭玛瑙刀口和砝码，并检查计量性能和调整灵敏度。这项工作由实验室技术人员进行。

### 三、电子天平

1. 称量原理

电子天平是最新一代的天平，目前应用的主要有顶部承载式（吊挂单盘）和底部承重式（上皿式）两种。尽管不同类型的电子天平的控制方式和电路不尽相同，但其称量原理大都依据电磁力平衡理论。

我们知道，把通电导线放在磁场中时，导线将产生电磁力，力的方向可以用左手定则来判定。当磁场强度不变时，力的大小与流过线圈的电流强度成正比。如果使重物的重力方向向下，电磁力的方向向上，并与之相平衡，则通过导线的电流与被称物体的质量成正比。

电子天平的结构如图 3-5 所示。秤盘通过支架连杆与线圈相

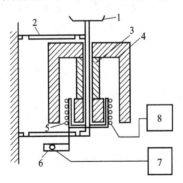

图 3-5　电子天平的结构示意图（上皿式）

1—秤盘；2—簧片；3—磁钢；4—磁回路体；5—线圈及线

圈架；6—位移传感器；7—放大器；8—电流控制电路

连，线圈置于磁场中。秤盘及被称物体的重力通过连杆支架作用于线圈上，方向向下。线圈内有电流通过，产生一个向上作用的电磁力，与秤盘重力方向相反，大小相等。位移传感器处于预定的中心位置，当秤盘上的物体质量发生变化时，位移传感器检出信号，经调节器和放大器改变线圈的电流直至线圈回到中心位置为止。通过数字显示物体的质量。

2. 性能特点

（1）电子天平支撑点采用弹性簧片，没有机械天平的宝石或玛瑙刀，取消了升降装置，采用数字显示方式代替指针刻度式显示。使用寿命长，性能稳定，灵敏度高，操作方便。

（2）电子天平采用电磁力平衡原理，称量时全量程不用砝码。放上被称物后，在几秒钟内即达到平衡，显示读数，称量速度快，精度高。

（3）有的电子天平具有称量范围和读数精度可变的功能，如瑞士梅特勒 AE240 天平，在 0～205g 称量范围，读数精度为0.1mg。在 0～41g 称量范围内，读数精度 0.01mg。可以一机多用。

（4）分析及半微量电子天平一般具有内部校正功能。天平内部装有标准砝码，使用校准功能时，标准砝码被启用，天平的微处理器将标准砝码的质量值作为校准标准，获得正确的称量数据。

（5）电子天平是高智能化的，可在全量程范围内实现去皮重、累加，超载显示、劫报警等。

（6）电子天平具有质量电信号输出，这是机械天平无法做到的。它可以连接打机、计算机，实现称量、记录和计算的自动化。同时也可以在生产、科研中作为称量、检测的手段，或组成各种新仪器。

3. 使用方法

图 3-6 是电子天平外形及各部件图（ES-J 系列）。清洁天平

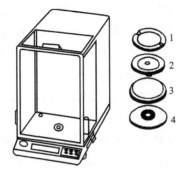

图 3-6　电子天平外形及相关部件

1—秤盘；2—盘托；3—防风环；4—防尘隔板

各部件后，放好天平，调节水平，依次将防尘隔板、防风环、盘托、秤盘放上，连接电源线即可。电子天平的使用要按《使用说明书》进行操作，使用时要注意以下几点。

（1）使用前检查天平是否水平，调整水平。

（2）称量前接通电源预热 30min。

（3）校准。首次使用天平必须先校准。将天平从一地移到另一地使用时或在使用一段时间（30 天左右）后，应对天平重新校准。为使称量更为精确，亦可随时对天平进行校准。校准可按说明书，用内装校准砝码或外部自备有修正值的校准砝码进行。

（4）称量。按下显示屏的开关键，待显示稳定的零点后，将物品放到秤盘上，关上防风门。显示稳定后即可读取称量值。操纵相应的按键可以实现"去皮"、"增重"、"减重"等称量功能。

短时间（例如 2h）内暂不使用天平，可不关闭天平电源开关，以免再使用时重新通电预热。

**四、称量方法**

根据不同的称量对象，需采用相应的称量方法。对机械天平而言，大致有如下几种常用的称量方法。

（1）直接法。天平零点调定后，将被称物直接放在秤盘上，所得读数即为被称物的质量。这种称量方法适用于称量洁净干燥的器皿、棒状或块状的金属及其他整块的不易潮解或升华的固体样品。注意，不得用手直接取放被称物，可采用戴汗布手套、垫纸条、用镊子或钳子等适宜的办法。

（2）减量法（差减法）。取适量待称样品置于一干燥洁净的容器（称量瓶、纸簸箕、小滴瓶等）中，在天平上准确称量后，取出欲称取量的样品置于实验器皿中，再次准确称量，两次称量读数之差，即为所称得样品的质量。如此重复操作，可连续称取若干份样品。这种称量方法适用于一般的颗粒状、粉末状试剂或试样及液体试样。

称量瓶（图 3-7）是减量法称量粉末状、颗粒状样品最常用的容器。用前要洗净烘干，用时不可直接用手拿，而应用纸条套住瓶身中部，用手指捏紧纸条进行操作，这样可避免手汗和体温的影响。先将称量瓶放在台秤上粗称，然后将瓶盖打开放在同一秤盘上，根据所需样品量（应略多些）向右移动游码或加砝码。用药勺缓缓加入样品至台秤平衡。盖上瓶盖，再拿到天平上准确称量并记录读数。拿出称量瓶，在盛接样品的容器上方打开瓶盖并用瓶盖的下面轻敲称量瓶口的右上部，使样品缓缓倾入容器（图 3-8）。估计倾出的样品已够量时，再边敲瓶口边将瓶身扶正，盖好瓶盖后方可离开容器的上方，再准确称量。如果一次倾出的样品质量不够，可再次倾倒样品，直至倾出样品的量满足要求后，再记录第二次天平称量的读数。

图 3-7　称量瓶

图 3-8　倾出试样的操作

（3）固定量称量法（增量法）。直接用基准物质配制标准溶液时，有时需要配成一定浓度值的溶液，这就要求所称基准物质的质量必须是一定的。例如配制100mL含钙1.000mg·mL$^{-1}$的标准溶液，必须准确称取0.2497g CaCO$_3$基准试剂。称量方法是：准确称量一洁净干燥的小烧杯（50或100mL），读数后再适当调整砝码，在天平半开状态下，小心缓慢地向烧杯中加CaCO$_3$试剂，直至天平读数正好增加0.2497g为止。这种称量操作的速度很慢，适用于不易吸潮的粉末状或小颗粒（最大颗粒应小于0.1mg）样品。

## 第二节　pHS-3C型酸度计

pHS-3C型酸度计是一种四位十进制数字显示的酸度计。用于测定溶液的酸度（pH）和电极电势（单位为mV）。pHS-3型酸度计是把pH电极（玻璃电极）和甘汞电极因被测溶液的酸度而产生的电动势转换为pH数字显示，用它可以直接读出溶液的pH，仪器最小分度pH为0.01。

pHS-3C型酸度计的结构如图3-9所示，其使用方法如下。

1. 准备

（1）将9V直流电源插入220V交流电源上，直流输出插头插入仪器后面板上的"DC9V"电源插孔。把电极装在电极架上，取下仪器电极插口上的短路插头，把电极插头插上。

（2）按电源"开关"键，接通电源，预热5min左右。

2. 标定

仪器的标定可分为常规法（一点标定——用于粗略测量）和精密法（二点或三点标定——用于精密测量）。可根据情况，选择其中一种进行标定。

（1）准备pH=4.00，pH=6.86，pH=9.18三种缓冲溶液。

（2）按动MODE键，使仪器处于pH测量方式，（此时显示屏上"pH"灯亮），按"∧"或"∨"键将温度显示调节到标准

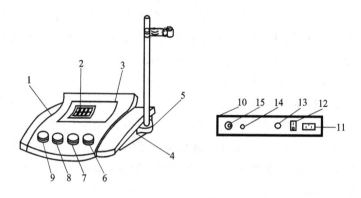

图 3-9 pHS-3C 型酸度计

1—机箱盖；2—显示屏；3—面板；4—机箱底；5—电极梗插座；6—定位调
节旋钮；7—斜率补偿调节旋钮；8—温度补偿调节旋钮；9—选择开关旋钮；
10—仪器后面板；11—电源插座；12—电源开关；13—保险丝；
14—参比电极接口；15—测量电板插座

缓冲溶液的温度值。如果使用温度自动补偿功能，则将温度传感
器插头插入仪器后面板 "ATC" 孔内。此时显示屏上 "ATC"
灯亮，"∧" 和 "∨" 键失去作用。

（3）用蒸馏水冲洗电极（和温度传感器探头）并用滤纸吸干
或甩干，然后浸入一已知 pH 的标准缓冲溶液中（该缓冲溶液的
选择以其 pH 接近被测溶液 pH 为宜）。摇动烧杯或搅拌溶液，
使电极前端球泡与标准缓冲溶液均匀接触。

（4）按动 CAL 键，显示屏上 "CAL"、"pH" 灯均闪烁，仪
器此时正自动识别标准缓冲溶液的 pH；到达测量终点时，屏幕
显示出相应标准缓冲溶液的标准 pH，对应的标准缓冲溶液指示
灯亮；"CAL" 灯熄灭而 "pH" 灯停止闪烁。到此一点定标结束。

（5）在一点标定的基础上，选用第二种标准缓冲溶液，再依
照上述一点标定的方法操作。此时相应的标准缓冲溶液指示灯
亮。电极性能指示灯显示出电极的性能。到此二点标定结束。

（6）在二点标定的基础上，选用第三种标准缓冲溶液，再次

依照上述一点标定的方法操作，此时标准缓冲溶液指示灯全亮。到此三点定标结束。

3. 测量 pH

经过标定的仪器，即可测量被测溶液的 pH。对于精密测量法，被测溶液的温度，最好保持与标定溶液的温度一致。

（1）用蒸馏水冲洗电极（和温度传感器），并用滤纸吸干。

（2）把电极（和温度传感器）浸入被测溶液。若用手动温度补偿，则将温度调至被测溶液的温度。

（3）按动 YES 键，"pH" 灯闪烁，表示测量正在进行；摇动烧杯或搅拌溶液，当 "pH" 灯停止闪烁时，即可读取被测溶液的 pH。

（4）重复测量时，则再次按动 YES 键，直到 "pH" 灯停止闪烁，再读取仪器示值。

4. 测量 mV 值

（1）按动 MODE 键，使仪器处于 mV 测量状态（显示屏 "pH" 灯熄灭，"mV" 灯亮）。接上所需的离子选择电极，用蒸馏水冲洗电极，用滤纸吸干，把电极浸入被测溶液内。

（2）按动 YES 键，"mV" 指示灯闪烁，表示测量正在进行，摇动烧杯或搅拌溶液。当 "mV" 指示灯停止闪烁时，即可读取出该离子选择电极的电位值（±mV）。

（3）重复测量时，按动 YES 键，直到 "mV" 指示灯停止闪烁，再读取仪器示值。

5. 实验测量完毕，将电极冲洗干净，放入电极保护液中。关闭电源。

pHS-3C 型酸度计的使用注意事项如下。

（1）仪器必须清洁干燥（特别是电极输入插孔和电极插头），以防止绝缘电阻下降引起测量误差。

（2）一般情况下，仪器一天标定一次即可满足常规测量精度。

（3）被测溶液的温度最好和用于 pH 标定的标准溶液温度相同，这样能减少由于温度测量而引起的补偿误差，提高仪器的测量精度。

（4）新电极或长久不用的电极在使用前先放入 $3mol \cdot L^{-1}$ 氯化钾溶液浸泡活化 24h。

（5）测定前如发现电极内部与球泡之间有气泡，应将电极向下轻轻甩动，以消除敏感球泡内的气泡，否则将影响测量精度。测定 pH 时，电极的玻璃球泡应全部浸入溶液中。

（6）电极球泡的敏感膜薄而易碎，应避免与硬物接触。测量后及时将电极保护套套上，电极套内应放少量 $3mol \cdot L^{-1}$ 氯化钾补充液，以保护球泡的湿润。

（7）电极有一定的使用寿命和保存期，如发现斜率下降或测量不稳定，应及时更换，以保证测量准确。

（8）电极表面受污染时，需进行处理。如果附着无机盐结垢，可用温稀盐酸溶解；对钙、镁等难溶性结垢，可用 EDTA 二钠溶液溶解；沾有油污时，可用丙酮清洗。电极按上述方法处理后，应在蒸馏水中浸泡 24h 后再使用。注意：忌用无水乙醇、脱水性洗涤剂处理电极。

# 第三节　电导率仪

在电解质的溶液中，带电的离子在电场的影响下，产生移动而传递电子，因此，具有导电作用。其导电能力的强弱称为电导（$G$）。因为电导是电阻的倒数，因此，测量电导大小的方法，可用两个电极插入溶液中，以测出两个极间的电阻 $R$。据欧姆定律，温度一定时，这个电阻与电极的间距 $L$（m）成正比，与电极的截面积 $A$（$m^2$）成反比。即

$$R = \rho \frac{L}{A}$$

式中，$\rho$ 为电阻率，表示两电极距离为 1m、截面积为 $1m^2$ 时溶

液的电阻值，单位为 $\Omega\cdot m$。

所以

$$G=\frac{1}{R}=\frac{1}{\rho}\cdot\frac{A}{L}$$

令 $1/\rho=\kappa$

则

$$G=\kappa\cdot\frac{A}{L}$$

式中，$\kappa$ 是电阻率的倒数，称电导率。它表示在相距 1m、面积为 $1m^2$ 的两极之间溶液的电导，其单位为西门子每米（$S\cdot m^{-1}$）。由此可见，溶液的电导与测量电极的面积及两电极间的距离有关，而电导率则与此无关。因此，用 $\kappa$ 来反映溶液导电能力更为恰当。

DDS-11A 型电导率仪是目前实验室常用的电导率测量仪表，它除能测定一般液体的电导率外，且能满足测量高纯水的电导率的需要。仪器有 $0\sim10mV$ 讯号输出，可接自动电子电位差计进行连续记录。该电导率外形结构如图 3-10 所示，其仪测量范围、各量程使用的频率及配用电极见表 3-1。

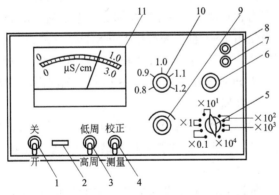

图 3-10　DDS-11A 型电导率仪的面板

1—电源开关；2—指示灯；3—高周、低周开关；4—校正、测量开关；

5—量程选择开关；6—电容补偿开关；7—电极插口；8—10mV 输出插口；

9—校正调节器；10—电极常数调节器；11—表头

表 3-1　DDS-11A 型电导率仪的测量范围、各量程使用的

| 量程 | 电导率/$(\mu S \cdot cm^{-1})$ | 测量频率 | 配套电极 |
|------|------------------------|---------|---------|
| 1 | $0\sim0.1$ | 低频 | DJS-1 型光亮电极 |
| 2 | $0\sim0.3$ | 低频 | DJS-1 型光亮电极 |
| 3 | $0\sim1$ | 低频 | DJS-1 型光亮电极 |
| 4 | $0\sim3$ | 低频 | DJS-1 型光亮电极 |
| 5 | $0\sim10$ | 低频 | DJS-1 型光亮电极 |
| 6 | $0\sim30$ | 低频 | DJS-1 型铂黑电极 |
| 7 | $0\sim10^2$ | 低频 | DJS-1 型铂黑电极 |
| 8 | $0\sim3\times10^2$ | 低频 | DJS-1 型铂黑电极 |
| 9 | $0\sim10^3$ | 高频 | DJS-1 型铂黑电极 |
| 10 | $0\sim3\times10^3$ | 高频 | DJS-1 型铂黑电极 |
| 11 | $0\sim10^4$ | 高频 | DJS-1 型铂黑电极 |
| 12 | $0\sim10^5$ | 高频 | DJS-10 型铂黑电极 |

DDS-11A 型电导率仪使用方法如下。

（1）未开电源开关前，观察表针是否指零，如不知零，可调整表头上的螺丝使表针指零。

（2）将校正、测量开关扳在"校正"位置。

（3）插接电源线，打开电源开关，并预热数分钟（待指针完全稳定下来为止）调节"调正"旋钮，使电表满度指示。

（4）当使用 $1\sim8$ 量程来测量电导率低于 $300\mu S \cdot cm^{-1}$ 的液体时，选用"低周"，这时将开关板向"低周"即可。当使用 $9\sim12$ 量程来测量电导率在 $300\sim10^5\mu S \cdot cm^{-1}$ 范围内的液体时，则将开关扳向"高周"。

（5）将量程选择开关扳到所需要的测量范围，如预先不知被测溶液电导率的大小，应先把其扳在最大电导率测量挡，然后逐挡下降，以防表针打弯。

（6）测量读数。一般的测量其"常数"的旋钮都打到 1.0 挡，测量前"调正"旋钮调到最大值，然后再慢慢地调节，把测量开关打到"校正"挡调好零点，选好量程，再把测量开关打到"测量"的位置然后再读数。

（7）电极的使用。使用时用电极夹夹紧电极的胶木帽，并通过电极夹把电极固定在电极杆上。

① 当被测溶液的电导率低于 $10\mu S \cdot cm^{-1}$，使用 DJS-1 型光亮电极。这时应把常数调节旋钮调节在与所配套的电极的常数相对应的位置上。

② 当被测溶液的电导率在 $10 \sim 10^4 \mu S \cdot cm^{-1}$ 范围，则使用 DJS-1 型铂黑电极。同样也应把常数调节旋钮调节在与所配套的电极的常数相对应的位置上。

③ 当被测溶液的电导率大于 $10^4 \mu S \cdot cm^{-1}$，以致用 DJS-1 型铂黑电极测不出时，则使用 DJS-10 型铂黑电极。这时应把常数调节旋钮调节在所配套的电极的常数的 1/10 位置上。例如：若电极的常数为 9.8，则应调节在 0.98 位置上，再将测得的读数乘以 10，即为被测溶液的电导率。

（8）将电极插头插入电极插口内，旋紧插口上的紧固螺丝，再将电极浸入待测溶液中。

（9）再次调节校正调节器使电表指针在满刻度处。然后将校正测量开关扳向"测量"，这时指示数乘以量程开关的倍率即为被测液的实际电导率。例如量程开关扳在 $0 \sim 0.1\mu S \cdot cm^{-1}$ 一挡，指针指示为 0.6，则被测液的电导率为 $0.06\mu S \cdot cm^{-1}$ $(0.6 \times 0.1\mu S \cdot cm^{-1} = 0.06\mu S \cdot cm^{-1})$；又如量程开关扳在 $0 \sim 100\mu S \cdot cm^{-1}$ 一挡，电表指示为 0.9，则被测液的电导率为 $90\mu S \cdot cm^{-1}$ $(0.9 \times 100\mu S \cdot cm^{-1} = 90\mu S \cdot cm^{-1})$，其余类推。

（10）在使用量程选择开关 1，3，5，7，9，11 各挡时，应读取表头上行的数值（0~1.0）；使用 2，4，6，8，10 各挡时，应读取表头下行的数值（0~3.0）；即红点对红线，黑点对黑线。

（11）当用 $0 \sim 0.1\mu S \cdot cm^{-1}$ 或 $0 \sim 0.3\mu S \cdot cm^{-1}$ 这两挡测量高纯水时（10MΩ 以上），先把电极引线插入电极插孔，在电极未浸入溶液之前，调节"调正"旋钮，使电表指示为最小值（此最小值即为电极铂片间的漏电阻，由于此漏电阻的存在，使得调"调正"旋钮时，电表指针不能达到零点）。然后开始测量。

（12）如果要了解在测量过程中电导的变化情况，把 10mV 输出接至自动电位差计即可。

（13）当量程开关扳在"×0.1"，高周、低周开关扳在低周，但电导池插口未插接电极时，电表就有指示，这是正常现象，因电极插口及接线有电容存在。只要调节"电容补偿"便可将此指示调为零，但不必这样做，只须待电极引线插入插口后，再将指示调为最小值即可。

（14）测量完毕后，断开电源，取下电极，用蒸馏水冲洗后放回盒中。

使用 DDS-11A 型电导率仪的注意事项如下。

（1）电极的引线不能潮湿，否则将测不准。

（2）高纯水被盛入容器后应迅速测量，否则电导率降低很快（水的纯度越高，电导率越低），因为空气中的 $CO_2$ 溶入水里变成碳酸根离子 $CO_3^{2-}$。

（3）盛被测溶液的容器必须清洁，无离子玷污。

## 第四节　贝克曼温度计

贝克曼温度计的构造见图 3-11。它与普通水银温度计的区别在于测温端水银球内的水银储量可以借助顶端的水银储槽来调节。贝克曼温度计不能测得系统的温度，但可精密测量系统过程温度的变化即温差。

贝克曼温度计上的标度通常只有 5℃ 或 6℃，每 1℃ 刻度间隔约 5cm，中间分为 100 等分，故可以直接读出 0.01℃，借助于放大镜观察，可以估计读到 0.002℃，测量精度较高。

贝克曼温度计在使用前需根据待测系统的温度及温差值的大小、正负来调节水银球中的水银量。贝克曼温度计调节方法如下。

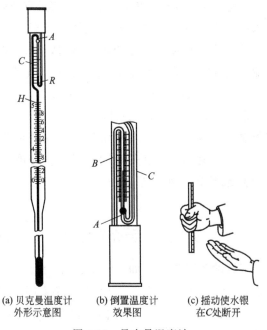

(a) 贝克曼温度计　　(b) 倒置温度计　　(c) 摇动使水银
　　外形示意图　　　　　效果图　　　　　　在C处断开

图 3-11　贝克曼温度计

（1）首先确定所使用的温度范围。若为温度升高的实验（如燃烧焓的测定），则水银柱指示的起始温度应调节在 1℃左右；若为温度降低实验（如凝固点降低法测定物质的摩尔质量），则水银柱应调节在 4℃左右。

（2）进行水银储量的调节。首先将贝克曼温度计倒置，由于重力作用，使水银球 A 中的水银沿毛细管流入水银储槽 R 中，并与水银储槽 R 中的水银相接（如倒置时水银不下流，可轻轻抖动温度计），然后慢慢转动温度计，使 R 位置略高于 A，此时水银将由 R 缓缓流向 A，直至 R 处水银面所示温度与被测温度相当时，迅速将贝克曼温度计正向直立，右手紧握其中部，左手轻击右手的手腕处，使水银在毛细管尖口 C 处的断开 [见图3-11 (c)]。然后将温度计放入待测介质中，观察水银柱位置是否合适，如不合适，可重复调节操作，直至调好为止。

调节水银量也可采用恒温浴调节法。先将贝克曼温度计水银球垂直放入温度较高的水浴中，使水银柱上升至 C 点，并在出口处形成滴状，取出温度计，迅速将其倒置，使水银柱在 C 点处相接，随即把温度计垂直插入另一恒温浴中（比待测介质的最高温度高 3~4℃）恒温 5min 左右，取出温度计，如图 3-11(b)所示。使水银柱在 C 处断开，试验量程是否合格。

贝克曼温度计较贵重，下端水银球的玻璃壁很薄，中间毛细管又细又长，极易损坏，在使用时不要与任何硬物相碰，不能骤冷、骤热或重击，用完后必须立即放回盒内，不可任意搁置。

# 第五节 分光光度计

分光光度计的型号较多，如 721 型、722 型、752 型等，下面以实验室常用的 722 型分光光度计为例介绍其使用方法。

722 型分光光度计是在 72 型基础上改进而成的，采用衍射光栅取得单色光，以光电管为光电转换元件，用数字显示器直接显示测定数据，因而它的波长范围比 72 型宽，灵敏度提高，使用方便。

## 一、仪器的性能

722 型分光光度计的外形如图 3-12 所示，主要技术指标如下。

波长范围：330~800nm；波长精度±2nm。

电源电压：220V±10%、49.5~50Hz。

浓度直读范围：0~2000mol·L$^{-1}$。

吸光度测量范围：0~1.999。

透射率测量范围：0~100%。

光谱带宽：6nm；

色散元件：衍射光栅。

光源：卤钨灯 12V，30W。

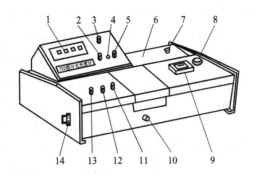

图 3-12　722 型分光光度计

1—数字显示器；2—吸光度调零旋钮；3—选择开关；4—吸光度调斜率
电位器；5—浓度旋钮；6—光源室；7—电源开关；8—波长旋钮；
9—波长读数窗；10—试样架拉手；11—100%$T$ 旋钮；
12—0%$T$ 旋钮；13—灵敏度调节旋钮；14—干燥器

接收元件：光电管，端窗式 19008。

噪声：0.5%（在 550nm 处）。

## 二、仪器的光学系统

722 型分光光度计光学系统示意图如图 3-13。

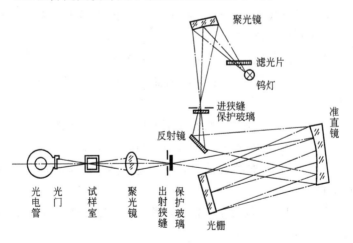

图 3-13　722 分光光度计光学系统图

钨灯发出的连续辐射经滤光片选择，聚光镜聚光后从进狭缝投向单色器，进狭缝正好处在聚光镜及单色器内准直镜的焦平面上，因此进入单色器的复合光通过平面反射镜反射及准直镜准直变成平行光射向色散元件光栅，光栅将入射的复合光通过衍射作用按照一定顺序均匀排列成连续单色光谱。此单色光谱重新回到准直镜上，由于仪器出射狭缝设置在准直镜的焦平面上，这样，从光栅色散出来的光谱经准直镜后利用聚光原理成像在出射狭缝上，出射狭缝选出指定带宽的单色光通过聚光镜落在试样室被测试样中心，试样吸收后透射的光经光门射向光电管阴极面，由光电管产生的光电流经微电流放大器、对数放大器放大后，在数字显示器上直接显示出试样溶液的透射率、吸光度或浓度数值。

### 三、仪器的使用方法及注意事项

1. 使用方法

（1）将灵敏度旋钮调置"1"挡（放大倍率最小）。

（2）开启电源，指示灯亮，仪器预热 20min，选择开关置于"T"。

（3）打开试样室（光门自动关闭），调节透光率零点旋钮，使数字显示为"000.0"。

（4）将装有溶液的比色皿置于比色架中。

（5）旋动仪器波长手轮，把测试所需的波长调节至刻度线处。

（6）盖上试样室盖，将参比溶液比色皿置于光路，调节透射率"100"旋钮，使数字显示 T 为 100.0 ［若显示不到 100.0，则可适当增加灵敏度的挡数，同时应重复（3），调整仪器的"000.0"］。

（7）将被测溶液置于光路中，数字表上直接读出被测溶液的透射率（T）值。

（8）吸光度（A）的测量，参照（3）、（6），调整仪器的

"000.0"和"100.0"，将选择开关置于 A，旋动吸光度调零旋钮，使得数字显示为"0.000"，然后移入被测溶液，显示值即为试样的吸光度（A）值。

（9）浓度（c）的测量，选择开关由 A 旋至 C，将已标定浓度的溶液移入光路，调节浓度旋钮，使得数字显示为标定值，将被测溶液移入光路，即可读出相应的浓度值。

（10）装试样溶液的试样室为玻璃比色皿（适用于可见光）或石英比色皿（适用于紫外光和可见光）。每台仪器所配套的比色皿不能与其他仪器上的比色皿单个调换。

2. 注意事项

（1）为确保仪器稳定工作，如电压波动较大，则应将 220V 电源预先稳压。

（2）当仪器工作不正常时，如数字表无亮光、电源灯不亮、开关指示灯无信号等，应检查仪器后盖保险丝是否损坏，然后查电源线是否接通，再查电路。

（3）仪器要接地良好。本仪器数字显示后背部带有外接插座，可输出模拟信号。插座 1 脚为正，2 脚为负接地线。

（4）仪器左侧下脚有一只干燥剂筒，实验室内也有硅胶，应保持其干燥性，发现变色立即更新或加以烘干再用。当仪器停止使用后，也应该定期更新烘干。

（5）为了避免仪器积灰和玷污，在停止工作时，用套子罩住整个仪器，在套子内应放数袋防潮硅胶，以免灯室受潮，使反射镜镜面有霉点或玷污，从而影响仪器性能。

（6）要注意保护比色皿的透光面，勿使产生斑痕，否则影响透射率。比色皿放入比色皿架前应用吸水纸吸干外壁的水珠，拿取比色皿时，只能用手捏住毛玻璃的两面。比色皿每次使用完毕后，应洗净，吸干，放回比色皿盒子内。切不可用碱溶液和强氧化剂洗比色皿，以免腐蚀玻璃或使比色皿黏结处脱胶。

（7）若大幅度改变测试波长，需等数分钟后才能正常工作（因波长由长波向短波或反之移动时，光能量变化急剧，光电管受光后响应迟缓，需一段光响应平衡时间）。

（8）仪器工作数月或搬动后，要检查波长精度和吸光度精度等，以确保仪器的使用和测定精度。

# 第二部分
## 基础化学实验项目及内容

# 实验一　化学反应速率和化学平衡

## 一、实验目的

1. 掌握浓度、温度、催化剂对反应速率的影响。
2. 掌握浓度、温度对化学平衡移动的影响。
3. 练习在水浴中进行恒温操作。
4. 学习根据实验数据作图。

## 二、实验原理

化学反应速率是以单位时间内反应物浓度的减少或生成物浓度的增加来表示的。化学反应速率不仅与化学反应的本性有关，还受到反应进行时所处的外界条件（浓度、温度、催化剂）的影响。

碘酸钾和亚硫酸氢钠在水溶液中发生如下反应。

$$2KIO_3 + 5NaHSO_3 \longrightarrow Na_2SO_4 + 3NaHSO_4 + K_2SO_4 + I_2 \downarrow + H_2O$$

反应中生成的碘遇淀粉变为蓝色。如果在反应物中预先加入淀粉作指示剂，则淀粉变蓝色所需的时间 $t$ 可以用来表示反应速率的大小。反应速率与 $t$ 成反比而与 $1/t$ 成正比。

温度可显著地影响化学反应速率，对大多数化学反应来说，温度升高，反应速率增大。

催化剂可大大改变化学反应速率，催化剂与反应系统处于同相，称为均相（或单相）催化。在 $KMnO_4$ 和 $H_2C_2O_4$ 的酸性混合溶液中，加入 $Mn^{2+}$ 可增大反应速率。该反应的反应速率可由 $KMnO_4$ 的紫红色褪去时间长短来指示。该反应可表示如下。

$$2KMnO_4 + 5H_2C_2O_4 + 3H_2SO_4 \longrightarrow 2MnSO_4 + 10CO_2 \uparrow + K_2SO_4 + 8H_2O$$

催化剂与反应系统不为同一相，称为多相催化，如 $H_2O_2$ 溶液在常温下不易分解放出氧气，而加入催化剂 $MnO_2$ 则 $H_2O_2$ 分解速率明显加快。

在可逆反应中，当正、逆反应速率相等时即达到化学平衡。改变平衡系统的条件如浓度（或系统中有气体时的压力）或温度时，会使平衡发生移动。根据吕·查德里原理，当条件改变时，平衡就向着减弱这个改变的方向移动。

如 $CuSO_4$ 水溶液中，$Cu^{2+}$ 以水合离子形式存在，$[Cu(H_2O)_4]^{2+}$ 呈蓝色，当加入一定量 $Br^-$ 后，会发生下列反应。

$$[Cu(H_2O)_4]^{2+} + 4Br^- \longrightarrow [CuBr_4]^{2-} + 4H_2O$$

$[CuBr_4]^{2-}$ 为黄色，改变反应物或生成物浓度，会使平衡移动，从而使溶液改变颜色。

该反应为吸热反应，升高温度会使平衡向右移动，降低温度平衡则向左移动。当然，温度变化也会使溶液颜色发生变化。

### 三、仪器和试剂

**仪器**

秒表，温度计（100℃），量筒（100mL、10mL 各 2 只），烧杯（100mL 6 只、400mL 2 只），$NO_2$ 平衡仪

**试剂**

$MnO_2$（固），$KBr$（固，$2mol \cdot L^{-1}$），$H_2SO_4$（$3mol \cdot L^{-1}$），$H_2C_2O_4$（$0.05mol \cdot L^{-1}$），$KIO_3$（$0.05mol \cdot L^{-1}$），$NaHSO_3$（$0.05mol \cdot L^{-1}$，带有淀粉），$KMnO_4$（$0.01mol \cdot L^{-1}$），$MnSO_4$（$0.1mol \cdot L^{-1}$），$FeCl_3$（$0.1mol \cdot L^{-1}$），$CuSO_4$（$1mol \cdot L^{-1}$），$KBr$（$2mol \cdot L^{-1}$），$NH_4SCN$（$0.1mol \cdot L^{-1}$），$H_2O_2$（质量分数为 3%），碎冰

### 四、实验内容

1. 浓度对反应速率的影响

用量筒准确量取 10mL $0.05mol \cdot L^{-1}$ $NaHSO_3$ 溶液和 35mL 蒸馏水，倒入 100mL 小烧杯中，搅拌均匀。用另一只量筒准确量取 5mL $0.05mol \cdot L^{-1}$ $KIO_3$ 溶液，将量筒中的 $KIO_3$

溶液迅速倒入盛有 NaHSO₃ 溶液的烧杯中，立刻按表计时，并搅拌溶液，记录溶液变为蓝色的时间，并填入下表，用同样方法依次按下表编号进行实验。

| 实验编号 | NaHSO₃ 体积 /mL | H₂O 体积 /mL | KIO₃ 体积 /mL | 溶液变蓝时间 $t$/s | $\frac{1}{t}$/s$^{-1}$ | $c(KIO_3)$ /mol·L$^{-1}$ |
|---|---|---|---|---|---|---|
| 1 | 10 | 35 | 5 | | | |
| 2 | 10 | 30 | 10 | | | |
| 3 | 10 | 25 | 15 | | | |
| 4 | 10 | 20 | 20 | | | |
| 5 | 10 | 15 | 25 | | | |

根据上列实验数据，以 $c(KIO_3)$ 为横坐标，$1/t$ 为纵坐标，用坐标纸绘制曲线。

2. 温度对反应速率的影响

在一只 100mL 的小烧杯中，混合 10mL NaHSO₃ 溶液和 35mL 蒸馏水，在试管中加入 5mL KIO₃ 溶液，将小烧杯和试管同时放在水浴中，加热到比室温高出约 10℃，恒温 3min 左右，将 KIO₃ 溶液倒入 NaHSO₃ 溶液中，立即计时，并搅拌溶液，记录溶液变为蓝色的时间，并填入下面表格中。

| 实验编号 | NaHSO₃ 体积 /mL | H₂O 体积 /mL | KIO₃ 体积 /mL | 实验温度 /℃ | 溶液变蓝色时间 $t$/s |
|---|---|---|---|---|---|
| 1 | | | | | |
| 2 | | | | | |

如果在室温 30℃ 以上做本实验时，用冰浴代替热水浴，温度比室温低 10℃ 左右。根据实验结果，说明温度对反应速率的影响。

3. 催化剂对反应速率的影响

（1）均相催化

在试管中加入 $3mol \cdot L^{-1}$ $H_2SO_4$ 溶液 $1mL$、$0.1mol \cdot L^{-1}$ $MnSO_4$ 溶液 10 滴、$0.05mol \cdot L^{-1}$ $H_2C_2O_4$ 溶液 $3mL$。在另一试管中加入 $3mol \cdot L^{-1}$ $H_2SO_4$ 溶液 $1mL$、蒸馏水 10 滴、$0.05mol \cdot L^{-1}$ $H_2C_2O_4$ 溶液 $3mL$。然后向两支试管中各加入 $0.01mol \cdot L^{-1}$ $KMnO_4$ 溶液 3 滴,摇匀,观察并比较两支试管中紫红色褪去的快慢。

（2）多相催化

在试管中加入 $3\%$ $H_2O_2$ 溶液 $1mL$,观察是否有气泡产生,然后向试管中加入少量 $MnO_2$ 粉末,观察是否有气泡放出,并检验是否为氧气。

4. 浓度对化学平衡的影响

（1）在小烧杯中加入 $10mL$ 蒸馏水,然后加入 $0.1mol \cdot L^{-1}$ $FeCl_3$ 及 $0.1mol \cdot L^{-1}$ $NH_4SCN$ 溶液各 2 滴,得到浅红色溶液,即发生如下反应。

$$Fe^{3+} + nSCN^- \rightleftharpoons [Fe(SCN)_n]^{3-n} \quad n = 1 \sim 6$$

将所得溶液等分于两支试管中,在第一支试管中逐滴加入 $0.1mol \cdot L^{-1}$ $FeCl_3$ 溶液,观察颜色的变化,并将其与第二支试管中的颜色比较,说明浓度对化学平衡的影响。

（2）在三支试管中分别加入 $1mol \cdot L^{-1}$ $CuSO_4$ 溶液 10 滴、5 滴、5 滴,在第二、三支试管中各加入 $2mol \cdot L^{-1}$ $KBr$ 溶液 5 滴,在第三支试管中再加入少量固体 $KBr$,比较三支试管中溶液的颜色,并解释之。

5. 温度对化学平衡的影响

（1）在试管中加入 $1mol \cdot L^{-1}$ $CuSO_4$ 溶液 $1mL$ 和 $2mol \cdot L^{-1}$ $KBr$ 溶液 $1mL$,混合均匀,分装在三支试管中,将第一支试管加热至近沸,第二支试管放入冰水槽中,第三支试管保持室温,比较三支试管中溶液的颜色,并解释之。

（2）取一只带有两个玻璃球的平衡仪(实验图 1-1),其中有二氧化氮和四氧化二氮气体处于平衡状态,它们之间的平衡关

系为

$$2NO_2(g) \rightleftharpoons N_2O_4(g)$$
$$\Delta H^\ominus = -54.43 \text{kJ} \cdot \text{mol}^{-1}$$

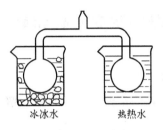

冰冰水　　　　　　　热热水

实验图 1-1　平衡仪

二氧化氮为红棕色气体，$N_2O_4$ 为无色气体，气体混合物的颜色视二者的相对含量不同，可从浅红棕色至红棕色。将平衡仪的一个玻璃球浸入热水浴中，另一个玻璃球浸入冰水中，观察两个玻璃球中气体颜色的变化，指出平衡移动的方向，用吕·查德里原理解释之。

## 思 考 题

1. 影响化学反应速率的因素有哪些？在本实验中如何试验温度、浓度、催化剂对反应速率的影响？

2. 如何应用吕·查德里原理判断浓度、温度的变化对化学平衡移动方向的影响？

# 实验二 醋酸解离常数和解离度的测定

## 一、实验目的

1. 了解用酸度计测定醋酸解离常数和解离度的原理和测定方法。

2. 进一步理解并掌握解离平衡的概念。

3. 熟悉酸度计的使用方法。

## 二、实验原理

本实验通过测定不同浓度的 HAc 的 pH 来求算 HAc 的标准解离常数。

醋酸在水溶液中存在下列解离平衡。

$$HAc \Longrightarrow H^+ + Ac^-$$

其标准解离常数表达式为

$$K^\ominus(HAc) = \frac{\dfrac{c(H^+)}{c^\ominus} \times \dfrac{c(Ac^-)}{c^\ominus}}{\dfrac{c(HAc)}{c^\ominus}}$$

式中，$c(H^+)$、$c(Ac^-)$、$c(HAc)$ 分别为 $H^+$、$Ac^-$、HAc 的平衡浓度；$c^\ominus$ 为标准浓度（即 $1mol \cdot L^{-1}$）。在单纯的 HAc 溶液中，若以 $c$ 代表 HAc 的起始浓度，则

$$K^\ominus(HAc) = \frac{c^2(H^+)}{c - c(H^+)}$$

HAc 的解离度 $\alpha$ 可表示为

$$\alpha = \frac{c(H^+)}{c}$$

在一定温度下，用酸度计测定一系列已知浓度的醋酸溶液的

pH，根据 pH $= -\lg c(H^+)$，可换算出相应的 $c(H^+)$，将 $c(H^+)$ 的不同值代入上式，可求出一系列对应的 $K^{\ominus}(HAc)$ 和 $\alpha$ 值，取其平均值，即为该温度下醋酸的解离常数和解离度。

### 三、仪器和试剂

**仪器**

酸度计，其配套的指示电极是玻璃电极，参比电极是甘汞电极。烧杯（150mL 1 只），酸式滴定管（50mL 2 只），小烧杯（100mL 5 只）

**试剂**

HAc(0.1mol·L$^{-1}$，准确浓度已标定)，NaAc(0.1mol·L$^{-1}$)

### 四、实验内容及数据处理

1. 配制不同浓度的 HAc 溶液

将五只烘干的小烧杯，用滴定管依次加入已知浓度的 HAc 溶液 40.00mL、20.00mL、10.00mL、5.00mL 和 2.00mL，再从另一滴定管中依次加入 0.00mL、20.00mL、30.00mL、35.00mL 和 38.00mL 蒸馏水，并分别搅拌均匀，依次编号为 1、2、3、4、5。

用另一干净的小烧杯从滴定管中放出 25.00mL HAc，再加 0.1mol·L$^{-1}$ NaAc 溶液 5.00mL，蒸馏水 10mL，摇匀，编号为 6。

2. 醋酸溶液 pH 的测定

室温_____

| 烧杯编号 | 加入的HAc体积/mL | 加入的水体积/mL | 混合后 HAc 溶液的总浓度/mol·L$^{-1}$ | pH | $c(H^+)$/mol·L$^{-1}$ | $c(Ac^-)$/mol·L$^{-1}$ | $c(HAc)$/mol·L$^{-1}$ | $K^{\ominus}$(HAc) | $\alpha$ |
|---|---|---|---|---|---|---|---|---|---|
| 1 | 40.00 | 0.00 | | | | | | | |
| 2 | 20.00 | 20.00 | | | | | | | |
| 3 | 10.00 | 30.00 | | | | | | | |
| 4 | 5.00 | 35.00 | | | | | | | |
| 5 | 2.00 | 38.00 | | | | | | | |
| 6 | 25.00mL HAc＋5.00mL NaAc＋10mL 水 | | | | | | | | |

3. 计算醋酸溶液的（标准）解离常数 $K^{\ominus}(\mathrm{HAc})$

根据实验数据计算出各溶液 $K^{\ominus}(\mathrm{HAc})$，求出平均值。

由实验可知：在一定的温度条件下，HAc 的解离常数为一个固定值，与溶液的浓度无关。

# 思 考 题

1. 测得的 HAc 解离常数是否与附表中所给的 $K^{\ominus}(\mathrm{HAc})$ 有误差？试讨论怎样才能减少误差。

2. 怎样配制不同浓度的 HAc 溶液？

3. 怎样从测得的 HAc 溶液的 pH 计算出 $K^{\ominus}(\mathrm{HAc})$？

# 实验三　解离平衡和沉淀-溶解平衡

## 一、实验目的

1. 加深理解同离子效应、盐类的水解作用及影响盐类水解的主要因素。

2. 试验缓冲溶液的缓冲作用。

3. 加深理解沉淀-溶解平衡，沉淀生成和溶解的条件，了解分步沉淀及沉淀的转化。

## 二、实验原理

弱电解质在水溶液中都发生部分解离，如在 HAc 溶液中存在以下平衡。

$$HAc \Longleftrightarrow H^+ + Ac^-$$

若在此平衡系统中加入含有相同离子的强电解质（如 NaAc），就会使解离平衡向左移动，从而 HAc 解离程度降低，这种作用称为同离子效应。

盐类（除了强酸和强碱所生成的盐以外）在水溶液中都会发生水解。盐类水解程度的大小主要与盐类的本性有关，此外还受温度、浓度和酸度的影响。盐类的水解过程是吸热过程，升高温度可促进水解；加水稀释溶液，也有利于增进水解；如果水解产物中有沉淀或气体产生，则水解程度更大。例如 $BiCl_3$ 的水解

$$BiCl_3 + H_2O \Longleftrightarrow BiOCl \downarrow + 2HCl$$

在盐类水溶液中加入酸或碱，则有抑制水解或促进水解的作用，上例中如加入盐酸，可抑制 $BiCl_3$ 的水解，平衡向左移动，使沉淀消失。如加碱则促进水解。

弱酸（或弱碱）及其盐的混合溶液，具有抵抗外来的少量

酸、碱或稀释的影响，而使其溶液的 pH 基本不变，这种溶液称为缓冲溶液。

在一定温度下，难溶电解质的饱和溶液中，存在沉淀溶解平衡。例如在 $PbI_2$ 饱和溶液中，建立起下列平衡

$$PbI_2(s) \rightleftharpoons Pb^{2+} + 2I^-$$

其溶度积常数 $K_{sp}^{\ominus}$ 的表达式为

$$K_{sp}^{\ominus}(PbI_2) = \frac{c(Pb^{2+})}{c^{\ominus}} \times \left[\frac{c(I^-)}{c^{\ominus}}\right]^2$$

将任意状况下离子浓度幂的乘积（离子积）与溶度积比较，则可以判断沉淀的生成或溶解，称为溶度积规则。在已生成沉淀的系统中，加入某种能降低离子浓度的试剂，使溶液中离子积小于溶度积时，就可使沉淀溶解。此外盐效应也可使难溶电解质的溶解度有所增大。

### 三、仪器和试剂

**仪器**

酸度计，试管

**试剂**

$NH_4Ac$（固），$BiCl_3$（固），$NaNO_3$（固），$Fe(NO_3)_3 \cdot 9H_2O$（固），$HCl$（$0.1mol \cdot L^{-1}$、$1mol \cdot L^{-1}$、$2mol \cdot L^{-1}$、$6mol \cdot L^{-1}$），$HNO_3$（$2mol \cdot L^{-1}$），$HAc$（$0.1mol \cdot L^{-1}$、$1mol \cdot L^{-1}$），$NH_3 \cdot H_2O$（$2mol \cdot L^{-1}$），$NaOH$（$0.1mol \cdot L^{-1}$、$1mol \cdot L^{-1}$、$2mol \cdot L^{-1}$），$NaCl$（$0.1mol \cdot L^{-1}$），$AgNO_3$（$0.1mol \cdot L^{-1}$），$K_2CrO_4$（$0.1mol \cdot L^{-1}$），$KI$（$0.001mol \cdot L^{-1}$、$0.1mol \cdot L^{-1}$），$MgCl_2$（$0.1mol \cdot L^{-1}$），$Pb(NO_3)_2$（$0.001mol \cdot L^{-1}$、$0.1mol \cdot L^{-1}$），$NH_4Cl$（饱和、$0.1mol \cdot L^{-1}$），$NH_4Ac$（$0.1mol \cdot L^{-1}$），$ZnCl_2$（$0.1mol \cdot L^{-1}$），$Na_2S$（$0.1mol \cdot L^{-1}$），$NaF$（$0.1mol \cdot L^{-1}$），$NaAc$（$0.1mol \cdot L^{-1}$、$1mol \cdot L^{-1}$），$CaCl_2$（$0.1mol \cdot L^{-1}$），$Na_3PO_4$（$0.1mol \cdot L^{-1}$），$Na_2HPO_4$（$0.1mol \cdot L^{-1}$），$NaH_2PO_4$（$0.1mol \cdot L^{-1}$），$(NH_4)_2C_2O_4$（饱和），甲基橙，pH 试纸

#### 四、实验内容

**1. 同离子效应**

（1）在两支试管中各加入 $0.1\,mol \cdot L^{-1}$ HAc 溶液 2mL，再分别加 1 滴甲基橙，然后在一支试管中，加少量固体 $NH_4Ac$，振荡使其溶解，观察溶液颜色变化，与另一试管进行比较，并解释之。

（2）在两支试管中各加入 $0.1\,mol \cdot L^{-1}$ $MgCl_2$ 溶液 5 滴，在其中一支试管中再加入 5 滴饱和 $NH_4Cl$ 溶液，然后分别在这两支试管中加入 5 滴 $2\,mol \cdot L^{-1}$ 的 $NH_3 \cdot H_2O$ 溶液，观察两支试管发生的现象有何不同，并解释之。

**2. 盐类水解**

（1）用 pH 试纸和 pH 计测定 $0.1\,mol \cdot L^{-1}$ 的 NaCl、NaAc、$NH_4Cl$、$NH_4Ac$ 溶液的 pH，一并测出蒸馏水的 pH，与自己计算的上述各溶液的 pH 同时填入下表。

| pH ＼ 溶液 | | NaCl | NaAc | $NH_4Cl$ | $NH_4Ac$ | 蒸馏水 |
|---|---|---|---|---|---|---|
| 计算值 | | | | | | |
| 测定值 | pH 试纸 | | | | | |
| | pH 计 | | | | | |

（2）用 pH 试纸和 pH 计测定 $0.1\,mol \cdot L^{-1}$ 的 $Na_3PO_4$、$Na_2HPO_4$、$NaH_2PO_4$ 溶液的 pH。酸式盐是否呈酸性，为什么？

（3）在两支试管中各加入 3mL 蒸馏水，然后分别加入少量固体 $Fe(NO_3)_3 \cdot 9H_2O$ 及 $BiCl_3$（只需绿豆大小），振荡，观察现象，用 pH 试纸分别测定其 pH。解释之。

将 $Fe(NO_3)_3$ 溶液分成三份，第一份留作比较用；第二份中加入 $2\,mol \cdot L^{-1}$ $HNO_3$ 1～2 滴，观察溶液颜色变化；第三份用小火加热，观察颜色的变化。解释上述现象。

在含 BiOCl 白色浑浊物的试管中逐滴加入 $6\,mol \cdot L^{-1}$ HCl，

并剧烈振荡，至溶液澄清（注意 HCl 不要太过量）。再加水稀释，有何现象？解释之。

3. 缓冲溶液的配制和选择

（1）用 $1mol \cdot L^{-1}$ HAc 和 $1mol \cdot L^{-1}$ NaAc 溶液配制 pH=4.00 的缓冲溶液（A）50mL，应该如何配制？配好后用 pH 计测定其 pH。

（2）将上述缓冲溶液（A）加入蒸馏水 50mL，冲稀一倍配成溶液（B），搅匀后再测定其 pH。然后将此溶液分为两等份，一份加入 $0.1mol \cdot L^{-1}$ HCl 溶液 10 滴，搅匀配成溶液（C），用 pH 计测定其 pH；另一份中加入 $0.1mol \cdot L^{-1}$ NaOH 溶液 10 滴，搅匀配成溶液（D），再用 pH 计测定其 pH。结果填入下表并与计算值比较。（此实验要求加 HCl 和 NaOH 溶液的液滴大小相近）

| 溶 液 编 号 | pH 计算值 | pH 测定值 |
|---|---|---|
| (A)pH=4.00 的缓冲溶液 | 4.00 | |
| (B)将(A)冲稀一倍 | | |
| (C)在(B)中加入 0.5ml 0.1mol · L⁻¹ HCl 溶液 | | |
| (D)在(B)中加入 1ml 0.1mol · L⁻¹ NaOH 溶液 | | |

（3）取两支试管，各加 5mL 蒸馏水，用 pH 试纸测定其 pH；然后分别加入 $1mol \cdot L^{-1}$ HCl 1 滴和 $1mol \cdot L^{-1}$ NaOH 1 滴，再用 pH 试纸测定其 pH。与上面实验结果比较，说明缓冲溶液的缓冲能力。

4. 沉淀的生成

（1）在两支试管中各盛蒸馏水 1mL，分别加入 1 滴 $0.1mol \cdot L^{-1}$ $AgNO_3$、$0.1mol \cdot L^{-1}$ $Pb(NO_3)_2$ 溶液，摇匀，然后各加入 $0.1mol \cdot L^{-1}$ $K_2CrO_4$ 溶液 1 滴，振荡，观察并记录现象，写出反应方程式。

（2）取 $0.1mol \cdot L^{-1}$ $Pb(NO_3)_2$ 溶液 5 滴，加入 0.1mol ·

$L^{-1}$ KI 溶液 10 滴，观察并记录现象，写出反应方程式。

另取 0.001mol·$L^{-1}$ Pb($NO_3$)$_2$ 溶液 5 滴，加入 0.001mol·$L^{-1}$ KI 溶液 10 滴，观察并记录现象，解释之。

5. 沉淀的溶解

(1) 取 0.1mol·$L^{-1}$ $MgCl_2$ 溶液 10 滴，加入 2mol·$L^{-1}$ 氨水 5～6 滴，观察现象。然后再逐滴加入 1mol·$L^{-1}$ $NH_4Cl$，观察现象，解释并写出有关反应方程式。

(2) 在试管中加入饱和 ($NH_4$)$_2C_2O_4$ 溶液 5 滴和 0.1mol·$L^{-1}$ $CaCl_2$ 溶液 5 滴，观察现象。然后逐滴加入 2mol·$L^{-1}$ HCl 溶液，振荡，观察现象，解释并写出有关反应方程式。

(3) 试管中盛 2mL 蒸馏水，加入 0.1mol·$L^{-1}$ Pb($NO_3$)$_2$ 溶液 1 滴和 0.1mol·$L^{-1}$ KI 溶液 2 滴，振荡试管，观察沉淀的颜色和形状，然后再加少量固体 $NaNO_3$，振荡，观察现象，解释之。

(4) 取 1mL 0.1mol·$L^{-1}$ $AgNO_3$ 溶液，加入 2mol·$L^{-1}$ 氨水 1 滴，观察现象，再继续逐滴加入 2mol·$L^{-1}$ 氨水，观察现象，解释之。

(5) 取 0.1mol·$L^{-1}$ $ZnCl_2$ 溶液 10 滴，逐滴加入 2mol·$L^{-1}$ NaOH 溶液，观察现象的变化，解释并写出反应方程式。

6. 分步沉淀

(1) 在试管中加入 2 滴 0.1mol·$L^{-1}$ $AgNO_3$，1 滴 0.1mol·$L^{-1}$ Pb($NO_3$)$_2$，用 5mL 水稀释，摇匀，逐滴加入 0.1mol·$L^{-1}$ KI，振荡，观察沉淀的颜色和形状。根据沉淀颜色的变化和溶度积规则，判断哪一种难溶物质先沉淀。

(2) 在试管中加入 2 滴 0.1mol·$L^{-1}$ $Na_2S$ 溶液和 2 滴 0.1mol·$L^{-1}$ NaF，稀释至 4mL，加入 2～3 滴 0.1mol·$L^{-1}$ Pb($NO_3$)$_2$，振荡试管，观察沉淀的颜色，待沉淀沉降后，再向清液中逐滴加入 0.1mol·$L^{-1}$ Pb($NO_3$)$_2$ 溶液（此时不要振荡试管，以免黑色沉淀泛起），观察沉淀的颜色。

运用溶度积数据和溶度积规则说明上述现象。

7. 沉淀的转化

取 $0.1mol \cdot L^{-1}$ $AgNO_3$ 溶液 5 滴，加入 $0.1mol \cdot L^{-1}$ NaCl 溶液 6 滴，有何种颜色的沉淀生成，离心分离，弃去清液。在沉淀中滴加 $0.1mol \cdot L^{-1}$ $Na_2S$ 溶液，观察有何现象，为什么？写出有关反应方程式。

# 思 考 题

1. 什么是解离平衡和沉淀-溶解平衡中的同离子效应？

2. 哪些类型的盐会发生水解？NaAc 和 $NH_4Cl$ 溶液的 pH 如何计算？影响盐类水解的因素有哪些？本实验中是如何促进或抑制水解的？

3. 什么叫缓冲溶液？如何计算缓冲溶液的 pH？如何计算缓冲溶液中加入少量酸或碱后的 pH？

4. 什么是溶度积规则？本实验中使沉淀溶解的方法有哪些？

# 实验四　氧化还原反应

## 一、实验目的

1. 学习由标准电极电势表选择氧化还原反应的氧化剂和还原剂，并从中了解氧化还原反应的介质条件。

2. 熟练掌握能斯特方程式的应用。

3. 通过实验认识金属的电化学腐蚀。

## 二、实验原理

在化学反应过程中，元素的原子或离子在反应前后有电子得失（或氧化值变化）的一类反应，称为氧化还原反应。在这类反应中，氧化剂与还原剂互为依存关系，参加反应的物质究竟是起氧化作用还是还原作用，通常要由具体反应而定。例如，$MnO_2$ 在酸性介质中与 KI 反应，$MnO_2$ 为氧化剂；$MnO_2$ 在强碱性介质中与 $KMnO_4$ 反应，$MnO_2$ 则是还原剂。

氧化剂与还原剂的相对强弱，可以用其组成电对的电极电势大小来衡量。一个电对的电极电势代数值越大，其氧化态的氧化能力越强，其还原态的还原能力越弱，反之则相反。所以，利用标准电极电势表，就能选择适当的氧化剂和还原剂来设计氧化还原反应，判断氧化还原反应的产物、方向和程度。例如

$$Fe^{3+} + e^- \Longrightarrow Fe^{2+} \quad \varphi^{\ominus} = 0.77V$$

$$MnO_4^{2-} + 8H^+ + 5e^- \Longrightarrow Mn^{2+} + 4H_2O \quad \varphi^{\ominus} = 1.51V$$

以 $KMnO_4$ 作氧化剂，$FeSO_4$ 作还原剂，它们在酸性介质中反应后生成 $Mn^{2+}$、$Fe^{3+}$ 和 $H_2O$，反应方程式为

$$MnO_4^{2-} + 5Fe^{2+} + 8H^+ \Longrightarrow Mn^{2+} + 5Fe^{3+} + 4H_2O$$

电对的氧化型物质或还原型物质的浓度，是影响其电极电势

的重要因素之一，电对在任一离子浓度下的电极电势，可由能斯特方程算出。例如 Cu-Zn 原电池，若在铜半电池中加入氨水，由于 $Cu^{2+}$ 和 $NH_3$ 能生成深蓝色的、难解离的四氨合铜（Ⅱ）配离子 $[Cu(NH_3)_4]^{2+}$，溶液中的 $Cu^{2+}$ 浓度就会降低，从而使电极电势降低。

$$Cu^{2+} + 4NH_3 \rightleftharpoons [Cu(NH_3)_4]^{2+} \qquad (\text{深蓝色})$$

$$\varphi(Cu^{2+}/Cu) = \varphi^{\ominus}(Cu^{2+}/Cu) + \frac{0.059}{2}\lg\frac{c(Cu^{2+})}{c^{\ominus}}$$

### 三、仪器、试剂和材料

**仪器**

数字式万用表（或直流数字电压表），安培计（0～5A），伏特计（0～15V）

**试剂**

$MnO_2$（固），$HCl$（$1mol \cdot L^{-1}$，浓），$HNO_3$（$2mol \cdot L^{-1}$），$H_2SO_4$（$1mol \cdot L^{-1}$，质量分数 15%），$NaOH$（$2mol \cdot L^{-1}$，$6mol \cdot L^{-1}$，质量分数 40%），$NH_3 \cdot H_2O$（$6mol \cdot L^{-1}$），$KI$（$0.1mol \cdot L^{-1}$），$KClO_3$（$0.1mol \cdot L^{-1}$），$KMnO_4$（$0.01mol \cdot L^{-1}$），$Na_2SO_3$（$0.1mol \cdot L^{-1}$），$FeSO_4$（$0.1mol \cdot L^{-1}$，溶液中放置一段铁丝或一铁钉），$CuSO_4$（$0.5mol \cdot L^{-1}$），$ZnSO_4$（$0.5mol \cdot L^{-1}$），$KI$（$0.1mol \cdot L^{-1}$），$KBr$（$0.1mol \cdot L^{-1}$），$FeCl_3$（$0.1mol \cdot L^{-1}$），$FeSCN$（$0.1mol \cdot L^{-1}$），3% $H_2O_2$，溴水，$CCl_4$，KI-淀粉试纸，pH 试纸

**材料**

铜片，锌片，砂纸，盐桥

### 四、实验内容

1. 原电池电动势的测定

（1）在两只 100mL 的烧杯中分别加入 50mL $0.5mol \cdot L^{-1}$ $CuSO_4$ 和 $0.5mol \cdot L^{-1}$ $ZnSO_4$ 溶液，在 $CuSO_4$ 溶液中插一铜片，在 $ZnSO_4$ 溶液中插一锌片，两杯用倒插一根 U 形管盐桥相

连，再分别用导线将铜电极连接数字式万用表的正极，将锌电极连接负极，测定原电池的电势差。

（2）在 $CuSO_4$ 溶液中，在搅拌下滴加 $6mol \cdot L^{-1}$ $NH_3 \cdot H_2O$ 溶液，直至生成的沉淀完全变成深蓝色的 $[Cu(NH_3)_4]^{2+}$ 为止，观察电势有何变化，解释现象。

（3）在 $ZnSO_4$ 溶液中，在搅拌下滴加 $6mol \cdot L^{-1}$ $NH_3 \cdot H_2O$ 溶液，使沉淀完全变成 $[Zn(NH_3)_4]^{2+}$ 为止，观察电势有何变化，解释现象。

比较以上三次测量的结果，说明浓度对电极电势的影响。

2. 比较电极电势的高低

（1）在一支试管中加入 $1mL$ $0.1mol \cdot L^{-1}$ KI 溶液和 5 滴 $0.1mol \cdot L^{-1}$ $FeCl_3$ 溶液，振荡后有何现象？再加入 $0.5mL$ $CCl_4$ 充分振荡，$CCl_4$ 层呈何色？反应的产物是什么？

（2）用 $0.1mol \cdot L^{-1}$ KBr 溶液代替 $0.1mol \cdot L^{-1}$ KI 溶液进行相同的实验，能否发生反应？为什么？

（3）在一支试管中加入 $1mL$ $0.1mol \cdot L^{-1}$ $FeSO_4$ 溶液，滴加 $0.1mol \cdot L^{-1}$ KSCN 溶液，溶液颜色有无变化？

在另一支试管中加入 $1mL$ $0.1mol \cdot L^{-1}$ $FeSO_4$ 溶液，加数滴溴水，振荡后再滴加 $0.1mol \cdot L^{-1}$ KSCN 溶液，溶液呈何色？与上一支试管对照，说明试管中发生何反应？

根据以上实验，比较 $Br_2/Br^-$，$I_2/I^-$ 和 $Fe^{3+}/Fe^{2+}$ 三电对的电极电势的高低。何者为最强的氧化剂？何者为最强的还原剂？

3. 常见的氧化剂和还原剂的反应

（1）$H_2O_2$ 的氧化性

在小试管中加入 $0.5mL$ $0.1mol \cdot L^{-1}$ KI 溶液，再加 $2 \sim 3$ 滴 $1mol \cdot L^{-1}$ $H_2SO_4$ 酸化，然后逐滴加入 $3\%$ 的 $H_2O_2$ 溶液，振荡试管并观察现象。写出反应式。

（2）$KMnO_4$ 氧化性

在小试管中加入 0.5mL 0.01mol·L⁻¹ KMnO₄ 溶液，再加少量的 1mol·L⁻¹ H₂SO₄ 酸化，然后逐滴加入 3% 的 H₂O₂ 溶液，振荡试管并观察现象。写出反应式。

（3）KI 的还原性

在小试管中加入 0.5mL 0.1mol·L⁻¹ KI 溶液，逐滴加入氯水，边加边振荡，注意溶液颜色的变化。继续滴加氯水，溶液颜色又有何变化？写出反应式。

4. 浓度对氧化还原反应的影响

在两支干燥试管中各加入少量 MnO₂ 固体，再分别加入 1mol·L⁻¹ HCl 和浓 HCl 各 1mL，微热，用 KI-淀粉试纸分别检验有无氯气生成。

5. 介质对氧化还原反应的影响

（1）试管中加入 0.1mol·L⁻¹ KI 溶液 10 滴，再加入 0.1mol·L⁻¹ KClO₃ 溶液 3～5 滴，振荡试管，观察现象，然后逐滴加入 1mol·L⁻¹ H₂SO₄，观察现象，作出结论并写出反应方程式。

（2）在三支试管中各加入 0.01mol·L⁻¹ KMnO₄ 溶液 10 滴，再分别加入 1mol·L⁻¹ H₂SO₄ 溶液 10 滴，6mol·L⁻¹ NaOH 溶液 10 滴和水 10 滴，然后各加入 0.1mol·L⁻¹ Na₂SO₃ 溶液 10 滴，振荡试管，观察现象，作出结论并写出反应方程式。

# 思 考 题

1. H₂O₂ 为什么既可作氧化剂又可作还原剂？写出有关电极反应，说明 H₂O₂ 在什么情况下可作氧化剂，在什么情况下可作还原剂？

2. 金属铁分别与 HCl 和 HNO₃ 作用，得到的主要产物是什么？

3. 提高高锰酸钾的酸度，其氧化能力增加还是降低？

# 实验五　配位化合物的生成和性质

## 一、实验目的

1. 比较配合物与简单化合物、复盐的区别。

2. 掌握配离子形成、解离及配位平衡移动的原理。

3. 理解配位平衡与沉淀反应、氧化还原反应、溶液酸碱性的关系。

4. 了解利用配位反应进行混合离子分离及离子的鉴别的初步知识。

## 二、实验原理

含有配离子的化合物称为配合物。配离子组成配合物的内层，内层中有配位中心，一般为过渡金属离子或其他金属离子或原子。配体有简单的离子或中性分子等。配体中直接与中心原子相结合的原子叫配位原子，而配位原子的个数为配位数。

复盐在溶液中能全部解离成简单离子，而配离子在溶液中只能部分解离成简单离子。例如

复盐　　　$NH_4Fe(SO_4)_2 \longrightarrow NH_4^+ + Fe^{3+} + 2SO_4^{2-}$

配合物　$[Cu(NH_3)_4]SO_4 \longrightarrow [Cu(NH_3)_4]^{2+} + SO_4^{2-}$

$$[Cu(NH_3)_4]^{2+} \rightleftharpoons Cu^{2+} + 4NH_3$$

由于配离子在溶液中存在着解离平衡，故应有 $K_{\text{不稳}}^{\ominus}$ 常数存在，它是一个标志配离子稳定程度的物理量。例如：对于

$$[Cu(NH_3)_4]^{2+} \rightleftharpoons Cu^{2+} + 4NH_3$$

$$K_{\text{不稳}}^{\ominus} = \dfrac{\dfrac{c(Cu^{2+})}{c^{\ominus}} \times \left[\dfrac{c(NH_3)}{c^{\ominus}}\right]^4}{\dfrac{c([Cu(NH_3)_4]^{2+})}{c^{\ominus}}}$$

在相同情况下，配离子的 $K_{\text{不稳}}^{\ominus}$ 数值越小，表示配合物的稳定性越大。

通过配位反应形成的配合物，其许多性质如溶解度、颜色、氧化还原性等都与组成配合物的原物质有很大不同。如 AgCl 在水中的溶解度很小，但在氨水中因生成了 $Ag(NH_3)_2^+$，溶解度变得很大。又如 $Co^{2+}$ 的水合离子为粉红色，而与 KSCN 作用则生成蓝色的 $[Co(SCN)_4]^{2-}$。再如，$Hg^{2+}$ 可氧化 $Sn^{2+}$，形成 $[HgI_4]^{2-}$ 后，$Hg^{2+}$ 的浓度变得很小，致使其氧化能力降低，不再与 $Sn^{2+}$ 发生反应，其形成配离子的反应如下

$$Hg^{2+} + 2I^- \longrightarrow HgI_2$$
（红色）

$$HgI_2 + 2I^- \longrightarrow [HgI_4]^{2-}$$
（无色）

当配位平衡的条件改变，如加入一定的沉淀剂时，因生成更难溶物质而使配离子破坏，造成配合物向沉淀转化。如

$$AgCl + 2NH_3 \longrightarrow [Ag(NH_3)_2]^+ + Cl^-$$

$$[Ag(NH_3)_2]^+ + Br^- \longrightarrow AgBr\downarrow + 2NH_3$$

金属离子可以和具有多个配位原子的配体配合成环状结构的配合物，称为螯合物，螯合物具有更大的稳定性，有些螯合物还具有特征颜色。例如，深蓝色的 $[Cu(NH_3)_4]^{2+}$ 和 EDTA 作用，生成更稳定的具有五个五元环的螯合物，显浅蓝色；$Fe^{2+}$ 和邻二氮菲反应时，生成橘红色的螯合物。故可利用特征颜色的变化，作为鉴定某些未知离子存在的依据。比如，$Ni^{2+}$ 与丁二酮肟反应，生成鲜红沉淀，是鉴定 $Ni^{2+}$ 的常用方法。以上反应表示如下。

$$[Cu(NH_3)_4]^{2+} + H_2Y^{2-} \longrightarrow [CuY]^{2-} + 2NH_3 + 2NH_4^+$$

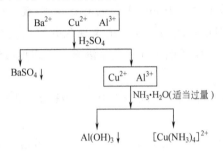

配位反应常用于分离某些离子，如 $Cu^{2+}$、$Ba^{2+}$、$Al^{3+}$ 的混合物，可通过下列步骤进行分离。

$$
\boxed{Ba^{2+} \quad Cu^{2+} \quad Al^{3+}} \xrightarrow{\ H_2SO_4\ }
$$

$BaSO_4\downarrow$ $\qquad$ $\boxed{Cu^{2+} \quad Al^{3+}}$

$NH_3 \cdot H_2O$(适当过量)

$Al(OH)_3\downarrow$ $\qquad$ $[Cu(NH_3)_4]^{2+}$

## 三、仪器和试剂

**仪器**

白色瓷点滴板，离心机

**试剂**

$CuCl_2$（固），$NaF$（固），浓 HCl，$H_2SO_4$（$1mol \cdot L^{-1}$），$NH_3 \cdot H_2O$（$2mol \cdot L^{-1}$、$6mol \cdot L^{-1}$），$NaOH$（$2mol \cdot L^{-1}$），$FeCl_3$（$0.1mol \cdot L^{-1}$），$KSCN$（$0.1mol \cdot L^{-1}$、饱和），$NaF$（饱和），$CoCl_2$（$0.1mol \cdot L^{-1}$），$HgCl_2$（$0.1mol \cdot L^{-1}$），$KI$（$0.1mol \cdot L^{-1}$），$SnCl_2$（$0.1mol \cdot L^{-1}$），$NiSO_4$（$0.1mol \cdot L^{-1}$），EDTA（$0.5mol \cdot L^{-1}$），$NaCl$（$0.1mol \cdot L^{-1}$），$AgNO_3$（$0.1mol \cdot L^{-1}$），$KBr$（$0.1mol \cdot L^{-1}$），$Na_2S_2O_3$（$0.1mol \cdot L^{-1}$），$NH_4Fe(SO_4)_2$（$0.1mol \cdot L^{-1}$），$K_3[Fe(CN)_6]$（$0.1mol \cdot L^{-1}$），$Na_2S$（$0.5mol \cdot L^{-1}$），$CuSO_4$（$0.1mol \cdot L^{-1}$），$FeSO_4$（$0.1mol \cdot L^{-1}$），$Cu(NO_3)_2$（$0.1mol \cdot L^{-1}$），$Fe(NO_3)_3$（$0.1mol \cdot L^{-1}$），丙酮，邻

二氮菲（质量分数为 $0.25\%$），丁二酮肟（质量分数为 $1\%$）

## 四、实验内容

### 1. 配合物与简单化合物、复盐的区别

在三支试管中分别加入浓度为 $0.1mol \cdot L^{-1}$ 的 $FeCl_3$、$NH_4Fe(SO_4)_2$、$K_3[Fe(CN)_6]$ 的溶液各 10 滴，然后各加入浓度为 $0.1mol \cdot L^{-1}$ 的 KSCN 溶液 2 滴，观察记录现象，解释并写出反应方程式。

### 2. 配离子的生成和解离

（1）取浓度为 $0.1mol \cdot L^{-1}$ 的 $CuSO_4$ 溶液 1mL，逐滴加入 $6mol \cdot L^{-1}$ $NH_3 \cdot H_2O$，观察记录现象并写出反应方程式。继续滴加氨水，至生成的沉淀。完全溶解，再多加数滴，将此溶液分成三份。

在一份溶液中加入 $2mol \cdot L^{-1}$ NaOH 溶液 2 滴，观察现象，解释之。

在另一份溶液中加入 $0.5mol \cdot L^{-1}$ $Na_2S$ 溶液 2 滴，观察现象，解释并写出反应方程式。

在第三份溶液中逐滴加入浓度为 $1mol \cdot L^{-1}$ 的 $H_2SO_4$，观察现象，解释并写出反应方程式。

（2）对 $[Ag(NH_3)_2]^+$ 配离子的生成和解离，自行设计实验步骤。

可按（1）类似的方法，用 $0.1mol \cdot L^{-1}$ $AgNO_3$ 和 $6mol \cdot L^{-1}$ $NH_3 \cdot H_2O$ 溶液制备 $[Ag(NH_3)_2]^+$，并证明 $[Ag(NH_3)_2]^+$ 的解离。解释现象并写出相关的化学反应方程式。

### 3. 配合物生成时颜色的改变

（1）取 $0.1mol \cdot L^{-1}$ $FeCl_3$ 溶液 1mL，加入 $0.1mol \cdot L^{-1}$ 的 KSCN 溶液 1 滴，观察溶液颜色的变化。再逐滴加入饱和 NaF 溶液，又有何变化？解释并写出反应方程式。

（2）取一支试管，加入 1.5mL 水，再加入少量的 $CuCl_2$ 固体，振荡溶解后，观察颜色，逐滴加入浓 HCl，观察颜色有何变

化？然后再逐滴加水稀释，观察颜色又有何变化？解释并写出反应方程式。

（3）取 $0.1mol \cdot L^{-1}$ $CoCl_2$ 溶液 5 滴，加入饱和 KSCN 溶液 5～8 滴，再加入几滴丙酮，观察现象。

4. 配合物形成时氧化还原性的改变

（1）取两支试管，各加入 $0.1mol \cdot L^{-1}$ $FeCl_3$ 溶液 10 滴，在其中一试管内加入少许 NaF 固体，使溶液黄色褪去，然后分别向两支试管中加入 $0.1mol \cdot L^{-1}$ KI 溶液 10 滴，观察现象，解释并写出反应方程式。

（2）取两支试管，各加入 $0.1mol \cdot L^{-1}$ 的 $HgCl_2$ 溶液 5 滴。在其中一试管中逐滴加入 $0.1mol \cdot L^{-1}$ KI 溶液至生成的沉淀又消失。然后在两试管中分别逐滴加入 $0.1mol \cdot L^{-1}$ $SnCl_2$ 溶液，观察现象，解释并写出有关反应方程式。

5. 配位平衡与沉淀溶解平衡

于离心管中加 $0.1mol \cdot L^{-1}$ 的 NaCl 溶液 5 滴，再加 $0.1mol \cdot L^{-1}$ $AgNO_3$ 溶液 5 滴，振荡试管，离心分离，弃去清液。在沉淀中逐滴加入 $2mol \cdot L^{-1}$ 的氨水至沉淀溶解。在该溶液中再加入 $0.1mol \cdot L^{-1}$ 的 KBr 溶液 5 滴，观察现象。再多加 1 滴，检查沉淀是否完全，离心分离，弃去清液。在沉淀中逐滴加入 $0.1mol \cdot L^{-1}$ $Na_2S_2O_3$ 溶液，使沉淀溶解。在所得的溶液中再逐滴加入浓度为 $0.1mol \cdot L^{-1}$ KI 溶液，观察是否有沉淀生成。

由上述实验归纳出沉淀平衡与配位平衡的相互关系，定性比较 AgCl、AgBr、AgI 的 $K_{sp}^{\ominus}$ 值的大小以及 $[Ag(NH_3)_2]^+$、$[Ag(S_2O_3)_2]^{3-}$ 的稳定常数 $K_f^{\ominus}$ 值的大小。

6. 螯合物的生成

（1）将自己制备的 $[Cu(NH_3)_4]^{2+}$ 溶液分为二份，一份留作比较，在另一份中逐滴加入 $0.5mol \cdot L^{-1}$ 的 EDTA 溶液，观察现象，解释并写出反应方程式。

（2）在点滴板上加 $0.1mol \cdot L^{-1}$ $FeSO_4$ 溶液和质量分数为

0.25%邻二氮菲溶液 2～3 滴，观察现象。

（3）在点滴板上加 0.1mol·L$^{-1}$ NiSO$_4$ 溶液 1 滴、2mol·L$^{-1}$ NH$_3$·H$_2$O 溶液 1 滴和质量分数为 1% 的丁二酮肟溶液 1 滴，观察现象。

7. 利用配位反应分离混合离子

取浓度均为 0.1mol·L$^{-1}$ 的 AgNO$_3$、Cu(NO$_3$)$_2$、Fe(NO$_3$)$_3$ 溶液各 5 滴于同一试管中，振荡混合，自行设计实验步骤将其分离。画出分离过程的示意图。

# 思 考 题

1. 配合物和复盐在本质上有何区别？

2. [HgI$_4$]$^{2-}$ 为什么不和 Sn$^{2+}$ 发生氧化还原反应？

3. 画出分离 Ag$^+$、Cu$^{2+}$、Fe$^{3+}$ 混合离子的示意图。

4. FeCl$_3$ 溶液中加入过量的 KI 溶液，再加入少量 KSCN 溶液，是否会出现血红色？为什么？

5. 试解释为什么能实现下列转化。

$$AgCl \xrightarrow{NH_3 \cdot H_2O} [Ag(NH_3)_2]^+ \xrightarrow{Br^-} AgBr \xrightarrow{S_2O_3^{2-}} [Ag(S_2O_3)_2]^{3-} \xrightarrow{I^-} AgI$$

# 实验六 卤　　素

## 一、实验目的

1. 了解卤素单质的溶解性。

2. 熟悉卤素单质的氧化性递变顺序和卤素离子的还原性递变顺序。

3. 掌握氯的含氧酸及其盐的氧化性。

4. 掌握卤素离子的鉴定。

## 二、实验原理

卤素单质在水里的溶解度很小（氟与水发生剧烈的化学反应），而在有机溶剂里溶解度较大，所以当水溶液中有 $Br^-$、$I^-$ 时，可用氧化剂将它们氧化成 $Br_2$、$I_2$，再用 $CCl_4$ 等来萃取。在 $CCl_4$ 中，$Br_2$ 显橙色，$I_2$ 显紫红色，借此可以鉴定 $Br^-$、$I^-$ 离子的存在。

从电对 $X_2/X^-$ 看，卤素单质都是氧化剂，反之，卤素离子都具有还原性。

$$I_2 + 2e^- \rightleftharpoons 2I^- \qquad \varphi^{\ominus} = 0.5345V$$
$$Br_2 + 2e^- \rightleftharpoons 2Br^- \qquad \varphi^{\ominus} = 1.065V$$
$$Cl_2 + 2e^- \rightleftharpoons 2Cl^- \qquad \varphi^{\ominus} = 1.36V$$

并且卤素单质按 $Cl_2 \rightarrow Br_2 \rightarrow I_2$ 顺序，前者可从后者的卤化物中将其置换出来。

卤化氢易溶于水，其水溶液称为氢卤酸。氢氟酸是一个弱酸，其余均为强酸，并且有一定的还原性，其中 HI 的还原性最强，能被空气中的氧所氧化。

$$4H^+ + 4I^- + O_2 \longrightarrow 2I_2 + 2H_2O$$

卤素溶解于水时，部分能与水发生作用，并且存在着下列平衡。

$$X_2 + H_2O \longrightarrow H^+ + X^- + HXO$$

因此，在氯的水溶液（称为氯水）中加入碱时，平衡向右移动，并生成氯化物和次氯酸盐。次氯酸和次氯酸盐都是强氧化剂，具有漂白性。例如

$$NaClO + 2HCl \longrightarrow Cl_2\uparrow + NaCl + H_2O$$

$$NaClO + 2KI + H_2O \longrightarrow I_2\downarrow + NaCl + 2KOH$$

$$2NaClO + MnSO_4 \longrightarrow MnO_2\downarrow + Cl_2\uparrow + Na_2SO_4$$

卤酸盐在酸性溶液中都是较强的氧化剂，在碱性溶液中氧化性较弱，从有关电对的电极电势 $\left[\varphi^\ominus(XO_3^-/X^-)\right]$ 可以看出，氯酸盐是较强的氧化剂，例如

$$KClO_3 + 6HCl \xrightarrow{\triangle} 3Cl_2\uparrow + KCl + 3H_2O$$

$$KClO_3 + 6FeSO_4 + 3H_2SO_4 \longrightarrow 3Fe_2(SO_4)_3 + KCl + 3H_2O$$

$$KClO_3 + 6KBr + 3H_2SO_4 \xrightarrow{\triangle} 3Br_2 + KCl + 3K_2SO_4 + 3H_2O$$

$$KClO_3 + 6KI + 3H_2SO_4 \longrightarrow 3I_2\downarrow + KCl + 3K_2SO_4 + 3H_2O$$

在酸性溶液中，$HClO_3$ 还能将 $I_2$ 进一步氧化成 $HIO_3$。

$$2HClO_3 + I_2 \longrightarrow 2HIO_3 + Cl_2\uparrow$$

### 三、仪器和试剂

**仪器**

离心机

**试剂**

碘（固），锌粉（固），$HCl(2mol \cdot L^{-1})$，$HNO_3(2mol \cdot L^{-1}$、$6mol \cdot L^{-1})$，$H_2SO_4$（浓、$6mol \cdot L^{-1}$、$2mol \cdot L^{-1}$、$1mol \cdot L^{-1}$），$NaOH(2mol \cdot L^{-1})$，$NH_3 \cdot H_2O$（浓、$2mol \cdot L^{-1}$），$KBr$（$0.1mol \cdot L^{-1}$、固），$KI(0.1mol \cdot L^{-1}$、固），$NaCl$（$0.1mol \cdot L^{-1}$、$2mol \cdot L^{-1}$、固），$KClO_3$（晶体），$MnSO_4(0.1mol \cdot L^{-1})$，$FeCl_3(0.1mol \cdot L^{-1})$，$KBrO_3$（饱和），$KIO_3$（$0.1mol \cdot L^{-1}$），$Na_2SO_3$（$0.1mol \cdot L^{-1}$），$Na_2S_2O_3$（$0.1mol \cdot L^{-1}$），$AgNO_3$

（0.1mol·L$^{-1}$），新配氯水，溴水，碘水，品红溶液，CCl$_4$，KI-淀粉溶液，KI-淀粉试纸，淀粉溶液（质量分数为1%），醋酸铅试纸

### 四、实验内容

1. 氯、溴、碘单质的溶解性

（1）取三支试管，第一支中加新配氯水1mL，另两支中分别加溴水和碘水0.5mL（或各加入1mL水后，再分别加2滴溴水，1小粒碘，振荡试管），观察、记录颜色。

（2）在以上三支试管中，各加入10滴CCl$_4$，振荡试管，观察、记录CCl$_4$相和水相的颜色。

由上述实验现象作出卤素单质溶解性的解释。

2. 卤素氧化性的比较

（1）氯与溴的氧化性的比较  在盛有1mL 0.1mol·L$^{-1}$ KBr溶液的试管中，逐滴加入氯水，振荡，有何现象？再加入0.5mL CCl$_4$，充分振荡，又有何现象？试解释之。氯和溴的氧化性哪个较强？

（2）溴和碘的氧化性的比较  在盛有1mL 0.1mol·L$^{-1}$ KI溶液的试管中，逐滴加入溴水，振荡，有何现象？再加入0.5mL CCl$_4$，充分振荡，又有何现象？试解释之。溴和碘的氧化性哪一个较强？

综合上面两个实验，比较氯、溴和碘的氧化性。并用有关电对的电极电势值予以说明。

3. 卤素离子的还原性的比较

（1）往盛有少量氯化钠固体的试管中加入1mL浓H$_2$SO$_4$，有何现象？用玻璃棒蘸一些浓NH$_3$·H$_2$O，移近试管口以检验气体产物，写出反应式并加以解释。

（2）往盛有少量溴化钾固体的试管中加入1mL浓H$_2$SO$_4$，有何现象？用湿的KI-淀粉试纸移近管口以检验气体产物。写出反应式并加以解释。

（3）往盛有少量碘化钾固体的试管中加入 1mL 浓 $H_2SO_4$，有何现象？把湿的醋酸铅试纸移近管口，以检验气体产物，写出反应式并加以解释。

（4）$Br^-$，$I^-$ 还原性的比较　在分别盛有 $0.1mol \cdot L^{-1}$ KBr 溶液和 $0.1mol \cdot L^{-1}$ KI 溶液的两支试管中，分别滴加数滴 $0.1mol \cdot L^{-1}$ $FeCl_3$ 溶液及 $CCl_4$ 少许，充分振荡后观察 $CCl_4$ 层的颜色变化，说明 $Br^-$，$I^-$ 还原性的差异。

综合上述四个实验，说明氯、溴和碘离子的还原性强弱的变化规律。

4. 卤素的歧化反应

（1）在小试管中加入 5 滴溴水，观察颜色，滴加 $2mol \cdot L^{-1}$ NaOH 溶液数滴，振荡，有什么现象产生？待溶液褪色后再滴加 $2mol \cdot L^{-1}$ HCl 溶液至酸性，溶液颜色有无变化？试解释之，并写出有关反应式。

（2）另取一支试管，用碘水代替溴水。重复上述实验，观察并解释所发生的实验现象。

5. 次卤酸盐及卤酸盐的氧化性

（1）取 5mL 氯水，逐滴加入 $2mol \cdot L^{-1}$ NaOH 溶液至呈碱性（pH＝8～9），备用。

在 3 支试管中，分别加入数滴 $0.1mol \cdot L^{-1}$ $MnSO_4$ 溶液、品红溶液及已用 $2mol \cdot L^{-1}$ $H_2SO_4$ 酸化了的 KI-淀粉溶液，逐滴加入上述制备的碱性溶液，充分振荡，观察并解释所见现象。

（2）取少量 $KClO_3$ 晶体，用少量水溶解后，加入少量 $CCl_4$ 及 $0.1mol \cdot L^{-1}$ KI 溶液数滴，振荡后观察试管内水相及有机相有什么变化？再加入 $6mol \cdot L^{-1}$ $H_2SO_4$ 酸化溶液，又有什么变化？试解释之。

（3）取 0.5mL $KBrO_3$ 饱和溶液，酸化后加入数滴 $0.1mol \cdot L^{-1}$ KBr 溶液，振荡，观察溶液颜色的变化，并用 KI-淀粉试纸检验逸出的气体。

（4）在 0.1mol·L$^{-1}$ KIO$_3$ 溶液中，滴加 0.1mol·L$^{-1}$ Na$_2$SO$_3$ 溶液数滴，再加入 1% 的淀粉溶液 5 滴，有无现象发生？再用 2mol·L$^{-1}$ H$_2$SO$_4$ 酸化该混合液，观察现象，写出反应式。

6. 卤素离子的鉴定

（1）卤化银的溶解性

在分别盛有 0.5mL 浓度均为 0.1mol·L$^{-1}$ 的 NaCl，KBr 和 KI 溶液的三支试管中，滴加 0.1mol·L$^{-1}$ AgNO$_3$ 溶液 0.5mL，观察并比较反应产物的颜色和状态。微热后离心分离，弃去溶液。在沉淀中分别滴加 2mol·L$^{-1}$ NH$_3$·H$_2$O，有何现象？对沉淀不能溶解的试管再行离心分离，弃去溶液，在沉淀中滴加 0.1mol·L$^{-1}$ Na$_2$S$_2$O$_3$ 溶液，充分振荡，有何现象？写出反应方程式。

根据以上实验，说明能否根据卤化银的颜色和溶解性鉴定卤素离子？

（2）Cl$^-$，Br$^-$ 和 I$^-$ 混合离子溶液的分离和鉴定

取 Cl$^-$，Br$^-$ 和 I$^-$ 的混合试液 2~3 滴，加 1 滴 6mol·L$^{-1}$ HNO$_3$ 溶液酸化，加 0.1mol·L$^{-1}$ AgNO$_3$ 溶液至沉淀完全，水浴加热 2min，离心分离（沉淀沉降后，在上层清液中再加入 1 滴 AgNO$_3$ 以检查卤素离子是否已沉淀完全，如还有沉淀产生，则需再加 AgNO$_3$ 溶液，直至无沉淀产生为止）。弃去溶液，沉淀中加入银氨溶液 5~10 滴，剧烈搅拌，并温热 1min，离心沉降。溶液以①处理，沉淀以②处理。

① Cl$^-$ 的鉴定

溶液以 6mol·L$^{-1}$ HNO$_3$ 溶液酸化，若白色沉淀又出现，表示有 Cl$^-$ 存在（形成 AgCl 沉淀，加 NH$_3$·H$_2$O 沉淀溶解，再加 HNO$_3$ 酸化，沉淀重新出现的方法同样可用来鉴定 Ag$^+$ 的存在）。

② Br$^-$，I$^-$ 的鉴定

沉淀加入 5～8 滴 1mol·L⁻¹ H₂SO₄ 溶液及少许锌粉，充分搅拌，加热至沉淀颗粒都变为黑色，离心沉降，弃去沉淀。

在清液中加入 1mol·L⁻¹ H₂SO₄ 溶液酸化，加入 $CCl_4$ 0.5mL，逐滴加入氯水，不断振荡。若 $CCl_4$ 层呈紫色，表示有 $I^-$ 存在。继续滴加氯水，边加边振荡，若 $CCl_4$ 层紫色褪去而变为橙黄色或黄色，则表示有 $Br^-$ 存在。

# 思 考 题

1. 实验中如何制备次氯酸钠？

2. 在 $Br^-$、$I^-$ 混合离子溶液中加入氯水时，足量的氯最终能将 $I^-$ 氧化成什么物质？

3. 要使 0.1mol AgBr 溶于氨水生成 $[Ag(NH_3)_2]^+$ 时，氨水浓度至少是多少？

# 实验七　铬、锰和铁

## 一、实验目的

1. 掌握铬、锰、铁重要价态化合物的性质。

2. 掌握铬、锰、铁化合物的氧化还原性，并熟悉不同介质对氧化还原反应的影响。

3. 掌握铬、铁配合物的生成与性质。

## 二、实验原理

在铬的化合物中，氧化值为 +3、+6 的化合物最为重要。铬（Ⅲ）盐与碱反应生成 $Cr(OH)_3$，为灰蓝色沉淀。

$$Cr^{3+} + 3OH^- \longrightarrow Cr(OH)_3 \downarrow$$

$Cr(OH)_3$ 具有两性，既可溶于酸，又可溶于碱，其在水溶液中存在如下平衡。

$$Cr^{3+} + 3OH^- \Longleftrightarrow Cr(OH)_3 \Longleftrightarrow H^+ + H_2O + CrO_2^-$$

（灰蓝色，氢氧化铬或亚铬酸）　　　（绿色）

$Cr(Ⅲ)$ 在碱性介质中具有较强的还原性，能被较强氧化剂（$H_2O_2$、$NaClO$、$Cl_2$ 等）氧化成铬酸盐。

$$2CrO_2^- + 3H_2O_2 + 2OH^- \longrightarrow 2CrO_4^{2-} + 4H_2O$$

$$2CrO_2^- + 3ClO^- + 2OH^- \longrightarrow 2CrO_4^{2-} + 3Cl^- + H_2O$$

$Cr(Ⅲ)$ 在酸性介质中也有还原性，其还原性远较在碱性介质中弱。本实验中主要讨论其在碱性介质中的还原性。

$Cr(Ⅵ)$ 在酸性介质中表现出很强的氧化性，还原产物为 $Cr^{3+}$，例如

$$K_2Cr_2O_7 + 14HCl(浓) \longrightarrow 2CrCl_3 + 3Cl_2 + 2KCl + 7H_2O$$

$$Cr_2O_7^{2-} + 3SO_3^{2-} + 8H^+ \longrightarrow 2Cr^{3+} + 3SO_4^{2-} + 4H_2O$$

$$Cr_2O_7^{2-} + 3NO_2^- + 8H^+ \longrightarrow 2Cr^{3+} + 3NO_3^- + 4H_2O$$

$$Cr_2O_7^{2-} + 3H_2O_2 + 8H^+ \longrightarrow 2Cr^{3+} + 3O_2 + 7H_2O$$

在 $Cr_2O_7^{2-}$ 的溶液中，加入 $H_2O_2$ 和乙醚时，有蓝色的过氧化物 $CrO_5 \cdot (C_2H_5)_2O$ 生成。

$$Cr_2O_7^{2-} + 4H_2O_2 + 2H^+ \xrightarrow{\text{乙醚}} 2CrO_5 + 5H_2O$$

（在乙醚中呈蓝色）

利用这个反应，可鉴别 $Cr_2O_7^{2-}$ 的存在。

铬酸盐和重铬酸盐在水溶液中存在着下列平衡。

$$2CrO_4^{2-} + 2H^+ \Longleftrightarrow Cr_2O_7^{2-} + H_2O$$

（黄色）　　　　（橙红色）

或

$$2CrO_4^{2-} + H_2O \Longleftrightarrow Cr_2O_7^{2-} + 2OH^-$$

故向溶液中加入酸或碱，即改变介质的酸碱性可使上述平衡发生移动。向溶液中加入可溶性钡盐、银盐，会生成相应的铬酸盐沉淀，也能使平衡向生成 $CrO_4^{2-}$ 的方向移动。

$$Cr_2O_7^{2-} + 2Ba^{2+} + H_2O \longrightarrow 2H^+ + 2BaCrO_4 \downarrow$$

（黄色）

$$Cr_2O_7^{2-} + 4Ag^+ + H_2O \longrightarrow 2H^+ + 2Ag_2CrO_4 \downarrow$$

（砖红色）

锰有 $+2 \longrightarrow +7$ 不同的氧化值，其中氧化值为 $+2$、$+4$、$+7$ 的化合物更为常见和重要。

当锰（Ⅱ）盐与碱反应时能生成白色胶状沉淀氢氧化锰，其不稳定，并逐渐被空气中的氧所氧化，得棕色的 $MnO(OH)_2$，氢氧化锰具有碱性，与酸作用生成锰（Ⅱ）盐和水。上述反应可表示如下。

$$Mn^{2+} + 2OH^- \longrightarrow Mn(OH)_2$$

$$2Mn(OH)_2 + O_2 \longrightarrow 2MnO(OH)_2$$

$$Mn(OH)_2 + 2H^+ \longrightarrow Mn^{2+} + 2H_2O$$

在酸性溶液中 $Mn^{2+}$ 很稳定，只有在酸性介质中与强氧化剂

如 $NaBiO_3$ 作用，才能将其氧化成 $MnO_4^-$。

$$2Mn^{2+}+5NaBiO_3+14H^+ \longrightarrow 2MnO_4^-+5Bi^{3+}+5Na^++7H_2O$$

可利用此反应来鉴别 $Mn^{2+}$ 的存在。

在中性或微酸性介质中，$Mn^{2+}$ 与 $MnO_4^-$ 作用生成 $MnO_2$，此反应为逆歧化反应。

$$2MnO_4^-+3Mn^{2+}+2H_2O \longrightarrow 5MnO_2\downarrow+4H^+$$

二氧化锰在酸性条件下有氧化性，可以将 $SO_3^{2-}$ 氧化成 $SO_4^{2-}$。

$$MnO_2+SO_3^{2-}+2H^+ \longrightarrow Mn^{2+}+SO_4^{2-}+H_2O$$

高锰酸钾是强氧化剂，在不同的介质中，其反应产物各异，如

$$2MnO_4^-+5SO_3^{2-}+6H^+ \longrightarrow 2Mn^{2+}+5SO_4^{2-}+3H_2O$$
$$2MnO_4^-+3SO_3^{2-}+H_2O \longrightarrow 2MnO_2\downarrow+3SO_4^{2-}+2OH^-$$
$$2MnO_4^-+SO_3^{2-}+2OH^- \longrightarrow 2MnO_4^{2-}+SO_4^{2-}+H_2O$$

铁元素的化合物，通常以氧化值为 +2、+3 两类化合物为最常见。

$Fe(Ⅱ)$ 化合物具有还原性，易被氧化成 $Fe(Ⅲ)$ 化合物，且在碱性介质中其还原性更强。例如，反应中产生的 $Fe(OH)_2$ 为白色沉淀，极易被空气氧化，其反应如下

$$4Fe(OH)_2+O_2+2H_2O \longrightarrow 4Fe(OH)_3\downarrow$$

所以通常 $Fe^{2+}$ 与碱作用得到灰绿色沉淀（铁的混合价化合物），并慢慢变成棕色 $Fe(OH)_3$ 沉淀。如想得到纯净的白色 $Fe(OH)_2$，应分别逐出反应液中的空气再进行作用。

由于水解，$Fe^{3+}$ 盐溶液常显黄色或棕色，如稍加热或稀释，则由于析出 $Fe(OH)_3$ 而使溶液变浑浊。因而配制 $FeCl_3$ 溶液时，是将 $FeCl_3 \cdot 6H_2O$ 溶于稀盐酸中，以防 $Fe^{3+}$ 水解。

$Fe^{3+}$ 属于不强的氧化剂，能氧化一些还原性较强的物质，如

$$2FeCl_3+2KI \longrightarrow 2FeCl_2+I_2\downarrow+2KCl$$

$$2FeCl_3 + H_2S \longrightarrow 2FeCl_2 + S\downarrow + 2HCl$$

铁能形成许多配合物，如 $Fe_4[Fe(CN)_6]_3$、$Fe_3[Fe(CN)_6]_2$、$K_3[FeF_6]$，$Fe^{3+}$ 还可和 KSCN 溶液作用生成血红色配合物。

$$3Fe^{2+} + 2[Fe(CN)_6]^{3-} \longrightarrow Fe_3[Fe(CN)_6]_2 \downarrow$$
$$\text{（滕氏蓝）}$$

$$4Fe^{3+} + 3[Fe(CN)_6]^{4-} \longrightarrow Fe_4[Fe(CN)_6]_3 \downarrow$$
$$\text{（普鲁士蓝）}$$

$$Fe^{3+} + n SCN^- \longrightarrow [Fe(SCN)_n]^{3-n}$$
$$\text{（血红色）}$$

利用上述反应可以鉴定 $Fe^{3+}$ 和 $Fe^{2+}$ 的存在。

### 三、仪器和试剂

**仪器**

离心机

**试剂**

$NaBiO_3$（固），$FeSO_4 \cdot 7H_2O$（固），$MnO_2$（固），HCl（2mol·$L^{-1}$、浓），$H_2SO_4$（1mol·$L^{-1}$、2mol·$L^{-1}$），$HNO_3$（2mol·$L^{-1}$、6mol·$L^{-1}$），NaOH（2mol·$L^{-1}$、6mol·$L^{-1}$），$CrCl_3$（0.1mol·$L^{-1}$），$K_2CrO_4$（0.1mol·$L^{-1}$），$K_2Cr_2O_7$（0.1mol·$L^{-1}$），$MnSO_4$（0.02mol·$L^{-1}$，0.1mol·$L^{-1}$），$KMnO_4$（0.01mol·$L^{-1}$），$FeSO_4$[0.1mol·$L^{-1}$（新配制，加铁钉）]，$FeCl_3$（0.1mol·$L^{-1}$），$Pb(NO_3)_2$（0.1mol·$L^{-1}$），$BaCl_2$（0.1mol·$L^{-1}$），$Na_2SO_3$（2mol·$L^{-1}$），KI（0.2mol·$L^{-1}$），$K_4[Fe(CN)_6]$（0.1mol·$L^{-1}$），$K_3[Fe(CN)_6]$（0.1mol·$L^{-1}$），$NH_4SCN$（0.1mol·$L^{-1}$），NaF（饱和），$H_2O_2$（质量分数为 3%），乙醚，乙醇（体积分数为 50%）

### 四、实验内容

1. 铬的化合物

（1）Cr(Ⅲ) 化合物的性质

① 氢氧化铬的生成和两性性质

在两支试管中分别加入浓度为 $0.1mol \cdot L^{-1}$ 的 $CrCl_3$ 溶液 10 滴，再逐滴加入 $2mol \cdot L^{-1}$ NaOH 溶液，生成大量沉淀后离心分离，弃去清液，分别加入 $2mol \cdot L^{-1}$ HCl 和 $2mol \cdot L^{-1}$ NaOH 溶液，观察现象，作出结论，并写出反应方程式。

② Cr(Ⅲ) 的还原性

在一支试管中加入少许 $0.1mol \cdot L^{-1}$ $CrCl_3$ 溶液，再滴加 $2mol \cdot L^{-1}$ NaOH 溶液至析出的沉淀又完全溶解后，然后滴加 10 滴 3% 的 $H_2O_2$，加热，观察溶液颜色的变化，写出反应方程式。将试管在水流下冷却后，滴加入 10 滴乙醚，再滴加 $6mol \cdot L^{-1}$ $HNO_3$ 酸化，振荡试管，观察乙醚层有何变化，写出反应方程式。

本实验方法即为 $Cr^{3+}$ 的鉴定方法。

(2) Cr(Ⅵ) 化合物的性质

① $CrO_4^{2-}$ 和 $Cr_2O_7^{2-}$ 在水溶液中的平衡

在 3 支试管中分别加入少量 $0.1mol \cdot L^{-1}$ $K_2CrO_4$ 溶液。在 1 支试管中滴加少许 $2mol \cdot L^{-1}$ NaOH 溶液，1 支试管中加少量 $2mol \cdot L^{-1}$ $H_2SO_4$ 酸化。比较颜色各有何变化，写出反应方程式。

② 难溶铬酸盐的生成

在两支试管中各加入 $0.1mol \cdot L^{-1}$ $K_2CrO_4$ 溶液 10 滴，分别滴入 $0.1mol \cdot L^{-1}$ $BaCl_2$ 和 $Pb(NO_3)_2$ 溶液 1mL，观察有何现象，写出反应方程式。

用 $0.1mol \cdot L^{-1}$ $K_2Cr_2O_7$ 溶液代替 $K_2CrO_4$ 溶液，重复上面的实验，与之比较，解释现象，并写出反应方程式。

③ Cr(Ⅵ) 的氧化性

取 $0.1mol \cdot L^{-1}$ $K_2Cr_2O_7$ 溶液 1mL，加入 $2mol \cdot L^{-1}$ $Na_2SO_3$ 溶液少量，微热，观察现象的变化，解释并写出反应方程式。

取 $0.1mol \cdot L^{-1}$ 的 $K_2Cr_2O_7$ 溶液 1mL，加入 $1mol \cdot L^{-1}$ $H_2SO_4$ 溶液 5 滴和 1 小片光亮铜片，再加入 6～10 滴体积分数

为 50％的乙醇溶液，加热至稍沸，观察现象。冷却后再观察溶液颜色有何变化？解释并写出反应方程式。

（3）自行设计实验，实现以下图示中的相互转化

$$Cr^{3+} \xrightarrow{\text{①}} CrO_4^{2+}$$
$$\text{③} \nwarrow \quad \swarrow \text{②}$$
$$Cr_2O_7^{2-}$$

要求：①写出各转化实验的实验步骤。②保留各步转变的样品，以备检查。③记录现象，解释并写出反应方程式。

2. 锰的化合物

（1）Mn(Ⅱ) 化合物的性质

① 氢氧化锰的生成和性质

在三支试管中各加入 $0.1mol \cdot L^{-1}$ $MnSO_4$ 溶液和 $2mol \cdot L^{-1}$ NaOH 溶液各 5 滴，观察现象。第一支试管振荡后放置，第二、三支试管中分别加入 $2mol \cdot L^{-1}$ HCl 和 NaOH 溶液，观察现象。解释现象，并写出反应方程式。

② Mn(Ⅱ) 的还原性——$Mn^{2+}$ 的鉴定

取 $2mol \cdot L^{-1}$ $HNO_3$ 溶液 10 滴，加入 $0.02mol \cdot L^{-1}$ $MnSO_4$ 溶液 1～2 滴，再加入少量固体 $NaBiO_3$，振荡试管，观察现象，解释并写出反应方程式。

利用此方法，可以鉴定 $Mn^{2+}$ 的存在。

（2）Mn(Ⅳ) 化合物——$MnO_2$ 的生成及氧化性

① 取 $0.01mol \cdot L^{-1}$ $KMnO_4$ 溶液 10 滴，滴加 $0.1mol \cdot L^{-1}$ $MnSO_4$ 溶液至不再生成沉淀。观察沉淀颜色，解释并写出反应方程式。

将以上生成物离心分离，弃去溶液，洗涤沉淀，在沉淀中加入 $1mol \cdot L^{-1}$ $H_2SO_4$ 溶液 3～6 滴，再滴加 $2mol \cdot L^{-1}$ $Na_2SO_3$ 溶液，观察沉淀是否消失？解释并写出反应方程式。

② 取固体 $MnO_2$ 少许，加入浓 HCl 适量，加热（在通风橱中进行）。观察是否有刺激性气味的气体产生，$MnO_2$ 是否溶解。

写出相应的反应方程式并得出结论。

（3）Mn(Ⅶ) 化合物——$KMnO_4$ 的氧化性

在 3 支试管中各加入 $0.01mol \cdot L^{-1}$ $KMnO_4$ 溶液 10 滴，分别加入 $1mol \cdot L^{-1}$ 的 $H_2SO_4$ 溶液、蒸馏水、$6mol \cdot L^{-1}$ $NaOH$ 溶液各 10 滴，再分别在 3 支试管中滴加 $2mol \cdot L^{-1}$ $Na_2SO_3$ 溶液 10 滴，观察现象，解释并写出反应方程式。

（4）自行设计实验，实现以下图示中的相互转化

同本实验铬的化合物中的自行设计实验的要求。

3. 铁的化合物

（1）Fe(Ⅱ) 化合物的性质

① 二价铁氢氧化物的制备与性质

制备　在 1 支试管内注入 4mL 蒸馏水，再加入 2 滴 $2mol \cdot L^{-1}$ $H_2SO_4$ 酸化，煮沸再冷却后，加少许 $FeSO_4 \cdot 7H_2O$ 晶体，并使其溶解。另取 1 支试管，注入 $2mol \cdot L^{-1}$ $NaOH$ 溶液，煮沸以赶尽空气。稍冷却后，倒入前 1 支试管中，观察反应现象，静置并继续观察，写出反应方程式。如不加热逐出溶液中的空气，生成的沉淀又如何？

性质　按上述的方法，再制备 $Fe(OH)_2$ 两份，一份加入 $2mol \cdot L^{-1}$ $HCl$；另一份加入 $2mol \cdot L^{-1}$ $NaOH$ 溶液，观察现象。

② $Fe^{2+}$ 的还原性

取 1 支试管，注入约 3mL 溴水，再加几滴 $2mol \cdot L^{-1}$ $H_2SO_4$ 溶液，然后加入 $0.1mol \cdot L^{-1}$ $FeSO_4$ 溶液几滴，观察现象，写出反应方程式。

另取 1 支试管，加入少量 $FeSO_4 \cdot 7H_2O$ 晶体，加 1～1.5mL 蒸馏水使其溶解，再逐滴加入 $0.01mol \cdot L^{-1}$ 的 $KMnO_4$

溶液 1～2 滴，观察现象并写出反应方程式。

（2）Fe(Ⅲ) 化合物的性质

Fe$^{3+}$ 具有氧化性　在 1 支试管中加入 0.1mol·L$^{-1}$ FeCl$_3$ 溶液 2mL，再加入浓度为 0.2mol·L$^{-1}$ KI 溶液，再加入 2 滴淀粉溶液。观察溶液的变化，并写出反应方程式。

（3）铁的配合物及铁离子的鉴定

① 在干燥试管中加数粒 FeSO$_4$·7H$_2$O，用少量水溶解，然后滴加 0.1mol·L$^{-1}$ K$_3$[Fe(CN)$_6$] 溶液 1～2 滴，观察现象，写出反应方程式。

② 取 0.1mol·L$^{-1}$ FeCl$_3$ 溶液 8～10 滴，加入 2 滴 0.1mol·L$^{-1}$ K$_4$[Fe(CN)$_6$]，观察现象，写出反应方程式。

③ 取 0.1mol·L$^{-1}$ FeCl$_3$ 溶液 8～10 滴，滴加 0.1mol·L$^{-1}$ NH$_4$SCN 溶液 1～2 滴，观察现象。再滴加饱和 NaF 溶液，观察溶液颜色有何变化？解释并写出反应方程式。

以上实验可以用作铁离子的鉴定。

# 思 考 题

1. KMnO$_4$ 在不同介质的溶液中，其还原产物有何不同？

2. 分离 Cu$^{2+}$、Mn$^{2+}$、Cr$^{3+}$ 混合离子时，讨论是否有不同的分离方案。

3. CrO$_4^{2-}$ 和 Cr$_2$O$_7^{2-}$ 的平衡体系中，如何使平衡进行移动？

4. 向 FeCl$_3$ 溶液中加入 NH$_4$SCN 溶液，再加入饱和 NaF 溶液，溶液的颜色有什么变化？为什么？

# 实验八　硫酸铜的提纯

## 一、实验目的

1. 掌握用化学法提纯硫酸铜的原理与方法。
2. 练习并初步学会无机制备的某些基本操作。

## 二、实验原理

粗硫酸铜中含有不溶性杂质（如泥沙等）和可溶性杂质 $FeSO_4$、$Fe_2(SO_4)_3$ 等。不溶性杂质可用过滤法除去，杂质 $FeSO_4$ 需用氧化剂 $H_2O_2$ 将 $Fe^{2+}$ 氧化为 $Fe^{3+}$，然后用调节溶液酸度的方法（pH＝3.5～4.0），使 $Fe^{3+}$ 完全水解成为 $Fe(OH)_3$ 沉淀而除去。其反应原理如下

$$2FeSO_4 + H_2SO_4 + H_2O_2 \longrightarrow Fe_2(SO_4)_3 + 2H_2O$$

$$Fe^{3+} + 3H_2O \longrightarrow Fe(OH)_3 \downarrow + 3H^+$$

除去 $Fe^{3+}$ 后的溶液，用 KSCN 检验 $Fe^{3+}$ 是否还存在，若 $Fe^{3+}$ 已沉淀完全，即可过滤后对滤液进行蒸发结晶。其他微量可溶性杂质在硫酸铜结晶时，仍留于母液之中，经过滤可与硫酸铜分离。

## 三、仪器和试剂

**仪器**

台秤，研钵，漏斗和漏斗架，布氏漏斗，吸滤瓶，蒸发皿，真空泵，滤纸

**试剂**

粗硫酸铜（固），$HCl(2mol \cdot L^{-1})$，$H_2SO_4(1mol \cdot L^{-1})$，$NH_3 \cdot H_2O(1mol \cdot L^{-1}、6mol \cdot L^{-1})$，$NaOH(2mol \cdot L^{-1})$，$KSCN(1mol \cdot L^{-1})$，$H_2O_2$（质量分数为 3%），pH 试纸

#### 四、实验内容

##### 1. 粗硫酸铜的提纯

称取 15g 研细的粗硫酸铜置于 100mL 小烧杯中，加 50mL 蒸馏水，加热搅拌，使其溶解。然后向其中滴加 2mL 3% 的 $H_2O_2$，继续加热并搅拌溶液，同时逐滴加入 2mol·$L^{-1}$ 的 NaOH 溶液，保持溶液的 pH = 3.5 ~ 4.0，再加热片刻，使 $Fe^{3+}$ 充分水解成 $Fe(OH)_3$ 沉淀，静置一定时间后在普通漏斗上过滤，滤液置于蒸发皿中。在提纯后的硫酸铜溶液中，滴加 1mol·$L^{-1}$ $H_2SO_4$ 进行酸化，使 pH = 1.0 ~ 2.0，然后在石棉网上加热、蒸发，浓缩至液面上出现一薄层晶膜时，即停止加热。浓缩液冷却至室温，析出的硫酸铜结晶在布氏漏斗上进行抽滤，将水分尽量抽干。取出硫酸铜晶体，将其置于滤纸上，吸去硫酸铜表面的水分，在台秤上称其质量，并计算收率。

##### 2. 硫酸铜纯度的检验

（1）将 1g 粗硫酸铜晶体粉末，置于小烧杯中，用 10mL 蒸馏水溶解，加入 1mL 1mol·$L^{-1}$ 的稀 $H_2SO_4$ 酸化，然后加入 2mL 3% 的 $H_2O_2$，煮沸片刻，使其中的 $Fe^{2+}$ 氧化成 $Fe^{3+}$。待溶液冷却后，在搅拌下，逐滴加入 6mol·$L^{-1}$ 氨水，直至最初生成的蓝色沉淀完全消失，溶液呈深蓝色为止。此时 $Fe^{3+}$ 已完全转化成 $Fe(OH)_3$ 沉淀，而 $Cu^{2+}$ 则完全转化为 $[Cu(NH_3)_4]^{2+}$。

$$Fe^{3+} + 3NH_3 \cdot H_2O \longrightarrow Fe(OH)_3 + 3NH_4^+$$

$$2CuSO_4 + 2NH_3 \cdot H_2O \longrightarrow Cu_2(OH)_2SO_4 \downarrow + (NH_4)_2SO_4$$

$$（蓝色）$$

$$Cu_2(OH)_2SO_4 + (NH_4)_2SO_4 + 6NH_3 \cdot H_2O \longrightarrow 2[Cu(NH_3)_4]SO_4 + 8H_2O$$

常压过滤后，用滴管吸 1mol·$L^{-1}$ 氨水洗涤滤纸内的沉淀，直到蓝色洗去为止（滤液可弃去），此时橙黄色的 $Fe(OH)_3$ 留在滤纸上。用滴管把 3mL 稍热的 2mol·$L^{-1}$ HCl 滴于上面滤纸上，以溶解 $Fe(OH)_3$。如果一次不能完全溶解，可将滤液加热，再滴到滤纸上洗涤。在滤液中滴入 2 滴 1mol·$L^{-1}$ 的 KSCN 溶液，则溶液应呈血红色。$Fe^{3+}$ 愈多，血红色愈深，因此可根据血红色的深浅程度比较出 $Fe^{3+}$ 的多与少。

（2）称取 1g 提纯过的精硫酸铜，重复上面的实验操作，比较二者出现血红色的深浅程度，以评定产品的质量。

# 思 考 题

1. 除 $Fe^{3+}$ 时，为什么要调节 $pH=3.5\sim4.0$，pH 过高或过低对实验有何影响？

2. 提纯后的硫酸铜溶液中，为什么用 $1mol \cdot L^{-1}$ 的硫酸进行酸化？且 pH 调节到 $1.0\sim2.0$？

3. 检验硫酸铜纯度时为什么用氨水洗涤 $Fe(OH)_3$，且要洗到蓝色没有为止？

4. 哪些常见氧化剂可以将 $Fe^{2+}$ 氧化为 $Fe^{3+}$？实验中选用 $H_2O_2$ 作氧化剂有什么优点？还可选用什么物质作氧化剂？

5. 调节溶液的 pH 为什么常用稀酸、稀碱？除酸、碱外，还可选用哪些物质？选用的原则是什么？

# 实验九　硫代硫酸钠的制备

## 一、实验目的

1. 了解硫代硫酸钠的制备原理和方法。
2. 掌握硫代硫酸钠的一些重要性质。
3. 了解检验硫代硫酸钠的方法。

## 二、实验原理

硫代硫酸钠在工业上或实验室的制备，可用硫黄粉和亚硫酸钠溶液共沸化合制得。

$$Na_2SO_3 + S \xrightarrow{\triangle} Na_2S_2O_3$$

常温下从溶液中结晶出来的硫代硫酸钠为 $Na_2S_2O_3 \cdot 5H_2O$。硫代硫酸钠溶液在浓缩时能形成过饱和溶液，此时加入晶种（几粒硫代硫酸钠晶体），就会有晶体析出。

硫代硫酸钠是常用的还原剂，它与不同强度的氧化剂作用可得到不同的产物。当遇到中等强度的氧化剂 $I_2$、$Fe^{3+}$ 时，硫代硫酸钠被氧化成连四硫酸钠。

$$2Na_2S_2O_3 + I_2 \longrightarrow Na_2S_4O_6 + 2NaI$$

而遇到强氧化剂 $KMnO_4$、$Cl_2$ 时，硫代硫酸钠可被氧化成硫酸盐。

$$8KMnO_4 + 5Na_2S_2O_3 + 7H_2SO_4 \longrightarrow 8MnSO_4 + 5Na_2SO_4 + 4K_2SO_4 + 7H_2O$$

$$4Cl_2 + Na_2S_2O_3 + 5H_2O \longrightarrow Na_2SO_4 + H_2SO_4 + 8HCl$$

硫代硫酸钠具有配位性。例如：$AgCl$、$AgBr$ 与过量硫代硫酸钠作用，因生成配离子而使其溶解，故黑白摄影中以其作为定影液中的主要试剂，洗去未被感光的银盐。其反应如下

$$AgBr + 2Na_2S_2O_3 \longrightarrow Na_3[Ag(S_2O_3)_2] + NaBr$$

硫代硫酸钠极不稳定，遇酸即分解。

$$Na_2S_2O_3 + 2HCl \longrightarrow S\downarrow + SO_2\uparrow + 2NaCl + H_2O$$

分解反应既有 $SO_2$ 气体逸出，又有乳白色或淡黄色的硫析出，致使溶液变浑浊，这是硫代硫酸盐和亚硫酸盐的区别，是检验 $Na_2S_2O_3$ 的根据。

硫代硫酸钠具有很大的实用价值。在分析化学中用来定量测定碘，在纺织工业和造纸工业中作脱氯剂，摄影业中作定影剂，在医药中用作急救解毒剂。

### 三、仪器和试剂

**仪器**

台秤，布氏漏斗，吸滤瓶，真空泵，滤纸，表面皿

**试剂**

硫黄粉（C. P.），$Na_2SO_3$（C. P.），$Na_2S_2O_3$（固），$HCl$（2mol·$L^{-1}$），$H_2SO_4$（2mol·$L^{-1}$），$KMnO_4$（0.01mol·$L^{-1}$），碘水，氯水，乙醇，pH 试纸

### 四、实验内容

1. $Na_2S_2O_3$ 的制备

称取 12.5g $Na_2SO_3$，置于 100mL 烧杯中加入蒸馏水 75mL，用表面皿盖上，加热、搅拌使其溶解。称取硫黄粉 6g 放在小烧杯内，加 2mL 水和 2mL 乙醇，将硫黄粉调成糊状，在搅拌下分次加入近沸的亚硫酸钠溶液中，继续加热保持沸腾状态不少于 40min（注意：在沸腾过程中，要经常搅拌，并将烧杯壁上黏附的硫黄用少量水冲淋下来，同时也要补充因蒸发损失的水分）。趁热用布氏漏斗减压过滤，将滤液转入蒸发皿中，并放在石棉网上加热，蒸发浓缩至溶液呈微黄色浑浊为止。冷却到室温，即有大量晶体析出（如无结晶析出，加几粒硫代硫酸钠晶种，搅拌，可促使硫代硫酸钠以晶体析出）。用布氏漏斗减压过滤，并用广口瓶的玻璃盖面轻压晶体，尽量抽干水分，取出称量，计算产率。

## 2.产品性质检验

秤取 0.3g 产品，溶于 10mL 水，制成样品试液，做以下性质实验，观察并记录实验现象。

（1）检验试液的酸碱性。

（2）试液与 $2mol \cdot L^{-1}$ 盐酸的反应。

（3）试液与碘水的反应。

（4）试液与氯水的反应。

（5）试液与 $0.01mol \cdot L^{-1}$ 的高锰酸钾溶液的反应。

（6）$S_2O_3^{2-}$ 的鉴定。

# 思 考 题

1. $S_2O_3^{2-}$ 的鉴定中，加入 $AgNO_3$ 溶液后，为什么沉淀会有白→黄→棕→黑的颜色变化？

2. 在蒸发、浓缩时，溶液为什么不能蒸干？

3. 计算出理论产量。

4. 拟好产品性质检验的实验操作步骤。

# 实验十　水的纯化及其纯度测定

## 一、实验目的

1. 了解自来水和去离子水中无机离子的检验。
2. 了解离子交换法制取纯水的原理和方法。
3. 熟悉电导率仪的使用。

## 二、实验原理

某些工业生产和科学实验需要用到纯水。水的纯化方法通常有蒸馏法、离子交换法和电渗析法等。本实验是用离子交换法来制备纯水，所得纯水通常称为去离子水。

离子交换法是利用离子交换树脂将水中的 $K^+$、$Na^+$、$Ca^{2+}$、$Mg^{2+}$、$Cl^-$、$SO_4^{2-}$、$CO_3^{2-}$、$HCO_3^-$ 等无机离子进行选择性的交换反应而获得去离子水。离子交换树脂是带有活性基团的有机高分子聚合物，按基团特性可分为两类，一类含有酸性活性基团，如 $R—SO_3^- H^+$，或简写为 RH，称为阳离子交换树脂，其中 R 表示有机高分子部分；另一类含有碱性活性基团，如 $R\equiv N^+ OH^-$，或简写为 ROH，称为阴离子交换树脂。

当自来水流经强酸性阳离子交换树脂时，水中的阳离子就与树脂上的 $H^+$ 发生交换吸附，反应简示如下。

$$2RH + \begin{cases} 2Na^+ \\ Ca^{2+} \\ Mg^{2+} \end{cases} \Longleftrightarrow \begin{cases} 2RNa \\ R_2Ca + 2H^+ \\ R_2Mg \end{cases}$$

当自来水从阳离子交换树脂流出后，再流经强碱性阴离子交换树脂时，水中的阴离子又与树脂上的 $OH^-$ 发生交换吸附，反应简示如下。

$$2ROH + \begin{cases} 2Cl^- \\ SO_4^{2-} \\ CO_3^{2-} \end{cases} \Longleftrightarrow \begin{cases} 2RCl \\ R_2SO_4 + 2OH^- \\ R_2CO_3 \end{cases}$$

经过阳离子交换树脂交换出来的 $H^+$ 和阴离子交换树脂交换出来的 $OH^-$ 作用结合成水。

$$H^+ + OH^- \longrightarrow H_2O$$

实际生产中，常把阳离子交换树脂柱与阴离子交换树脂柱串联起来使用，最后通过阴、阳离子混合树脂柱进行多级离子交换，以进一步提高水质纯度。

纯水是一种极弱的电解质，水中含有的可溶性杂质会使其导电能力增大。反之，水中杂质离子越少，其导电能力越小。用电导率仪测定水的电导率，就能判断水的纯度。各种水样电导率值的范围如下（25℃）。

自来水　$5.0 \times 10^{-3} \sim 5.3 \times 10^{-4} S \cdot cm^{-1}$

去离子水　$5.0 \times 10^{-5} \sim 1.0 \times 10^{-6} S \cdot cm^{-1}$

蒸馏水　$2.8 \times 10^{-6} \sim 6.3 \times 10^{-7} S \cdot cm^{-1}$

高纯水　$< 5.5 \times 10^{-8} S \cdot cm^{-1}$

水质纯度还可用化学方法测定 $Ca^{2+}$、$Mg^{2+}$、$SO_4^{2-}$、$Cl^-$ 等离子来判别。如可用 $BaCl_2$ 和 $AgNO_3$ 溶液分别检验水样中的 $SO_4^{2-}$ 和 $Cl^-$ 的存在。用钙指示剂来检验 $Ca^{2+}$，在 $pH > 12$ 时，指示剂能与 $Ca^{2+}$ 结合而显红色（钙指示剂本色为蓝色）。用铬黑T指示剂可检验 $Mg^{2+}$，在 $pH = 9 \sim 10.5$ 时，指示剂能与 $Mg^{2+}$ 结合而显葡萄酒红色（铬黑T本色为蓝色）。

离子交换法制纯水的优点是：离子交换树脂经过一段时间交换后，交换树脂达到饱和（失去交换能力），此时可将交换树脂进行再生处理，即用 $2mol \cdot L^{-1}$ HCl 溶液和 $2mol \cdot L^{-1}$ NaOH 溶液分别按制备交换水的相反方向，慢慢流过交换树脂，这样就发生交换水反应的逆反应，使树脂上交换吸附的水中杂质离子释放出来，并随溶液流出，从而使离子交换树脂恢复原状，此过程称为再生。再生后的离子交换树脂又可重新使用，所以，离子交换树脂可以反复使用。

## 三、仪器和试剂

**仪器**

离子交换柱两根（实验中也可用碱式滴定管代替），雷磁 DDS—11A 型电导率仪，玻璃漏斗，玻璃纤维，乳胶橡皮管，螺丝夹，T 形玻璃管

**试剂**

钙指示剂，铬黑 T 指示剂，HCl（2mol·$L^{-1}$），NaOH（2mol·$L^{-1}$），$BaCl_2$（1mol·$L^{-1}$），$AgNO_3$（0.1mol·$L^{-1}$），$NH_4Cl$-$NH_3$ 缓冲溶液（pH＝10）；强碱性阴离子交换树脂，强酸性阳离子交换树脂，pH 试纸（广泛及 5.5～9.0 精密试纸）

## 四、实验内容

1. 树脂处理（一般由实验室预先处理好）

取一定量（由离子交换柱所装体积而定，若用 50mL 碱式滴定管作柱，取约 30g）阴离子交换树脂，放入烧杯中，先用蒸馏水（或去离子水）浸泡一天，再用 2mol·$L^{-1}$ NaOH 溶液浸泡一天。倾去碱液，再用 NaOH 溶液浸泡 1h，并经常搅拌，如此重复两次。倾去碱液，用蒸馏水搅拌洗涤树脂，重复洗涤至洗涤液呈中性（用 pH 试纸测定），最后浸没在蒸馏水中。

另取 20g 阳离子树脂，放入烧杯中，同阴离子树脂一样的方法处理，但是用 2mol·$L^{-1}$ HCl 溶液代替 NaOH 溶液。

上述处理也可在交换柱中进行（再生时即在柱内进行），使酸或碱分别缓慢逆向流经树脂，再用水洗至中性。

2. 装柱

将交换柱如实验图 10-1 固定在铁架台上。在管底部塞入少量清洁的玻璃纤维（如果是较粗的交换柱，则要先加多孔板，再加玻璃纤维布），以防树脂流出。先在柱中加入约 1/3 的蒸馏水，并排出橡皮管中的空气，然后将处理好的树脂和水调成薄粥状，

并慢慢加入使其随水沉入柱内。为使交换有效进行，树脂层内不能出现气泡，所以，水面在任何时候一定要高出树脂层。若水过多时，可放松下面的螺丝夹，使水流出一部分。为使树脂装得均匀紧密，可用手指轻弹管壁。如果树脂层内出现气泡，可用清洁玻璃棒或塑料通条赶走气泡，如果赶不掉，则应重新装柱。

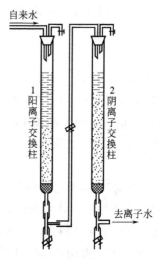

实验图 10-1　离子交换柱示意图

3．去离子水的制备

小心开启自来水和交换柱间的螺丝夹，随即再开启阴离子交换柱下的螺丝夹，并用烧杯盛水，控制水的流速为成滴流下。开始流出的约 150～200mL 水弃去，然后用 100mL 烧杯收集约 60mL 水（用表面皿盖好）进行纯度测定。

4．水质纯度检验

分别对去离子水和自来水进行检验以作对比。

（1）水的电导率的测定

用电导率仪分别测定去离子水和自来水的电导率。每次测量前都应用去离子水、待测水样先后淋洗电导电极，并用干燥滤纸吸干，然后取待测水样进行电导率的测定。

去离子水的电导率测定应尽快进行，否则实验室空气中的 $CO_2$、$SO_2$、$HCl$、$NH_3$ 等气体会溶于水中，使水的电导率升高。

（2）$Ca^{2+}$ 检验

取约 1mL 水样加 2mol·$L^{-1}$ NaOH 溶液 2 滴，再加入少量钙指示剂，观察实验现象。

（3）$Mg^{2+}$ 检验

取约 1mL 水样加 1～2 滴 $NH_4Cl$-$NH_3$ 缓冲溶液和少量铬黑 T 指示剂，观察实验现象。

（4）$SO_4^{2-}$、$Cl^-$ 检验（自己设计检验方法）

（5）用精密 pH 试纸测量水样 pH。

以上结果（实验数据和现象）记录于下表。

| 水样 | 电导率/S·$cm^{-1}$ | pH | $Ca^{2+}$ | $Mg^{2+}$ | $SO_4^{2-}$ | $Cl^-$ |
|------|------|------|------|------|------|------|
| 自来水 |  |  |  |  |  |  |
| 去离子水 |  |  |  |  |  |  |

## 思 考 题

1. 离子交换法制备去离子水的原理是什么？

2. 设计定性鉴定 $SO_4^{2-}$、$Cl^-$ 的实验操作步骤。

3. 为什么可用测定水的电导率来评估水质的纯度？

# 实验十一　恒温槽的使用与液体黏度的测定

## 一、实验目的

1. 熟悉恒温槽的构造及各部件的作用，学会恒温槽的安装和使用方法。

2. 了解贝克曼温度计的使用方法，测定恒温槽的灵敏度曲线。

3. 学会使用乌氏黏度计测量液体的黏度。

## 二、实验原理

1. 恒温槽的构造

恒温槽之所以能够恒温，主要是依靠恒温控制器来控制恒温槽的热平衡。当恒温槽的热量由于对外散失而使其温度降低时，恒温控制器就驱使恒温槽中的电加热器工作，待加热到所需的温度时，它又会使其停止加热，使恒温槽温度保持恒定。

实验图 11-1 是一种典型的恒温槽装置，由以下几个方面组成。

（1）浴槽

浴槽可根据不同的实验要求来选择合适质料的槽体，其形状、大小也可视实际需要而定。

（2）加热器或制冷器

如果设定温度值高于环境温度，通常选用加热器；反之，若设定温度低于环境温度，则需选择合适的制冷器。加热器或制冷器功率大小直接影响恒温槽的控温性能。

（3）介质

通常根据待控温范围选择不同类型的恒温介质。如待控温度

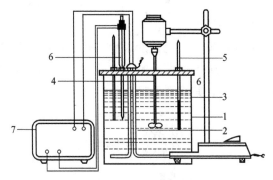

**实验图 11-1　恒温槽装置**

1—浴槽；2—加热器或制冷器；3—介质；4—搅拌器；
5—温度计；6—感温元件；7—恒温控制器

在－60～30℃时，一般选用乙醇或乙醇水溶液；0～90℃时用水；
80～160℃时用甘油或甘油水溶液；70～200℃时常用液体石蜡或
硅油等。

（4）搅拌器

搅拌器安装的位置、桨叶的形状对搅拌效果都有很大的影
响。为了使恒温槽介质温度均匀，根据需要来选择合适的搅拌
器，且搅拌时应尽量使搅拌桨靠近加热器。

（5）温度计

通常选用（1/10）℃水银温度计来准确测量系统的温度。有
时根据实验需要也可选用其他更精密的温度计。在本实验中，为
精确测量恒温槽的温度波动性，选用高精密度的贝克曼温度计测
量温度变化。

（6）感温元件

对温度敏感的元件称为感温元件，它是恒温控制仪的感温探
头。恒温控温仪接受来自感温探头的输入信号，从而控制加热器
的工作与否。感温元件有许多种，原则上凡是对温度敏感的器件
均可作感温元件。常用的感温元件有热电偶、热敏电阻、水银定

温计等。

（7）恒温控制器

恒温控制器根据感温元件发送的信号来控制加热器的"通"与"断"，从而达到控温的目的。实验室常用水银接点温度计（又称水银导电表），其结构见实验图 11-2。

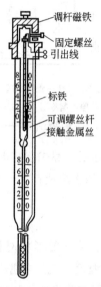

实验图 11-2　常用水银接点温度计

水银接点温度计下半部为一普通水银温度计，但底部有一固定的金属丝与接点温度计中的水银相接触。在毛细管上部也有一金属丝，借助磁铁转动螺丝杆，可以随意调节该金属丝的上下位置。螺丝杆上标铁和上部温度标尺相配合可粗略估计所需控制的温度。浴槽升温时，接点温度计中的水银柱上升，当达到所需要的温度时，就与上方的金属丝接触；温度降低时与金属丝断开。通过两引出导线与继电器相连，达到控制加热器回路的断路或通路。

水银接点温度计只能作为温度的调节器，不能作为温度的指示器。

## 2. 恒温槽的灵敏度

恒温槽的灵敏度是衡量恒温槽恒温性能好坏的主要标志。灵敏度与选用的工作介质、感温元件，搅拌速率，加热器功率的大小，继电器的灵敏度，恒温槽的体积大小及其热量散失情况等诸多因素有关。

为了测定恒温槽的灵敏度，可在指定温度下，采用贝克曼温度计来测定恒温槽温度的微小变化，作出恒温槽温度 $T$ 随时间 $t$ 变化的曲线。如实验图 11-3 所示，曲线 $a$ 表示恒温槽的灵敏度较好，温度的波动极微小；曲线 $b$ 表示灵敏度较差，需要更换较灵敏的水银接点温度计；曲线 $c$ 表示加热器的功率太大；曲线 $d$ 表示加热器的功率太小。

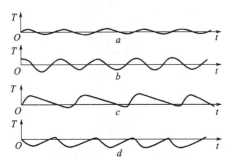

实验图 11-3　恒温槽的灵敏度曲线

若灵敏度曲线上的最高温度为 $T_{高}$，最低温为 $T_{低}$，则恒温槽的灵敏度 $T_E$ 可表示为

$$T_E = \pm \frac{T_{高} - T_{低}}{2}$$

槽温是由槽内 0.1℃分度精密温度计指示的，以 $T$ 表示，则恒温槽的温度以 $T \pm T_E$ 表示。

## 3. 液体黏度的测定

黏度是流体分子在流动时内摩擦情况的反映，是流体的一项重要性质。测定液体黏度的仪器和方法，主要可分成三类。

① 毛细管黏度计——测定液体在毛细管里的流出时间计算黏度。

② 落球黏度计——测定圆球在液体里的下落速度计算黏度。

③ 扭力黏度计——由一转动物体在黏滞液体中所受的阻力求算黏度。

在测定低黏度液体及高分子物质的黏度时，以使用毛细管黏度计较为方便。实验室常用的毛细管黏度计种类很多。乌氏黏度计（如实验图 11-4 所示）就是其中的一种。

实验图 11-4　乌氏黏度计

液体在毛细管黏度计中因重力作用而流出时，服从如下泊塞叶（Poiseuille）近似公式。

$$\eta = \frac{\pi \rho h g r^4 t}{8Vl}$$

式中，$\eta$ 为液体的黏度；$\rho$ 为液体的密度；$l$ 为毛细管长度；$r$ 为毛细管半径；$t$ 为流出时间；$h$ 为流过毛细管液体的平均液柱高度；$g$ 为重力加速度；$V$ 为流经毛细管的液体体积。

对于同一黏度计，$r$、$V$、$l$、$h$ 不变，如果密度分别是 $\rho_1$ 和 $\rho_2$ 的两种液体在重力作用下流出时间分别为 $t_1$ 和 $t_2$，则它们的黏度比为

**118**

$$\frac{\eta_1}{\eta_2} = \frac{\rho_1 t_1}{\rho_2 t_2}$$

$\eta_1/\eta_2$ 称为液体 1 对液体 2 的比黏度，以已知黏度的液体为标准，则被测液体黏度便可求得。

温度对液体的黏度有明显的影响，一般温度升高，液体的黏度减小，故测定黏度必须在恒温下进行。

### 三、仪器与试剂

**仪器**

恒温槽装置 1 套（包括玻璃水浴，电加热器，电动搅拌器，电子继电器，水银接点温度计，0～50℃ 0.1℃分度精密温度计 1 支，2kW 调压变压器），贝克曼温度计 1 支，乌氏黏度计 1 支；停表 1 只，放大镜、吸球、胶管、夹子各 1 个。

**试剂**

蒸馏水，乙醇水溶液（体积分数 $\varphi = 0.20$）。

### 四、实验内容

**1. 恒温槽的安装**

按照实验图 11-1 装配恒温槽，接好线路。在安装中，应注意各个部件的合理布局。布局的原则是：搅拌器靠近加热器，水银接点温度计和精密温度计置于需要恒温的系统附近。

**2. 调节恒温槽的温度**

接通电源，选择合适的搅拌速度，将调压变压器调至 220V 或某指定值，调节水银接点温度计，使其标铁上端与辅助温度标尺相切的温度示值较所需控制的温度低 1～2℃，及时锁住固定螺丝。这时恒温控制仪红色指示灯亮，表示加热器工作；恒温控制仪绿色指示灯亮，表示加热器停止加热。观察恒温槽中的精密温度计，根据其与所需控制温度的差距，进一步调节水银接点温度计中金属丝的位置。反复调节，直至在红、绿灯交替出现期间，精密温度计的示值恒定在所需控制的温度为止（第一个指定温度一般为 25.0℃，冬季可取 20.0℃，夏季可取 30.0℃）。最后将固定螺丝锁紧，使磁铁不再转动。

3. 恒温槽灵敏度的测定

（1）根据恒温槽的指定温度，调节好贝克曼温度计，使其在指定温度时的示值在 $2\sim3$℃ 刻度间，再将其置于恒温槽中测量温度计附近。

（2）仔细观察恒温槽温度的微小波动。每隔 30s 记录一次温度（同时读取贝克曼温度计和精密温度计的示值），共记录 30 个数据（至少测定温度波动的三个周期）。

4. 乙醇水溶液（$\varphi=0.20$）黏度的测定

此实验可以与恒温槽灵敏度的测定实验同时进行。

（1）调节恒温槽到温度（$20.0\pm0.1$）℃。

（2）取一支干燥、洁净的乌氏黏度计，由 A 管加入乙醇水溶液（$\varphi=0.20$）约 30cm³，在 C 管顶端套上一段胶管，用夹子夹紧，使其不漏气。将乌氏黏度计置于恒温槽内，使球 1 完全浸没在恒温水中，并要求黏度计严格保持垂直位置恒温 5min。用吸球由 B 管将溶液吸满球 1。移去吸球，打开 C 管顶端的套管夹子，使球 3 与大气相通，让溶液在自身重力的作用下自由流出。当液面到达刻度 a 时，按停表开始计时。当液面降至刻度 b 时，再按停表，测得在刻度 a，b 之间的溶液流经毛细管的时间。反复操作三次，三次数据间相差应不大于 0.1s，取平均值，即为流出时间 t。

（3）调节恒温槽至（$25.0\pm0.1$）℃，恒温后用同上的方法测定。

（4）从恒温槽中取出黏度计，用蒸馏水将黏度计洗涤干净。由 A 管加入蒸馏水约 30mL，按上述方法测定（$25.0\pm0.1$）℃下蒸馏水的流出时间。

**五、注意事项**

1. 恒温槽安装完毕后，必须征得教师同意后方能接通电源。

2. 贝克曼温度计易损坏，操作前一定要仔细阅读有关贝克曼温度计的介绍。

3. 每次把水银接点温度计调节好以后，一定要锁紧固定螺丝。

4. 乌氏黏度计的放置一定要保持垂直，它的 C 管非常容易折断，操作时要特别细心。

## 六、数据记录与处理

1. 数据记录

（1）恒温槽灵敏度的测定

恒温槽温度：＿＿＿＿＿＿＿＿

| $t/s$ | 0 | 30 | 60 | 90 | 120 | ⋯ |
|---|---|---|---|---|---|---|
| $T_B/K$(贝克曼温度计) | | | | | | |
| $T/K$(精密温度计) | | | | | | |

（2）乙醇水溶液（$\varphi=0.20$）黏度的测定

| 项　　目 | | 乙醇水溶液 | 水 |
|---|---|---|---|
| 实验温度/℃ | | | |
| 密度 $\rho/g \cdot cm^{-3}$ | | | |
| 时间 $t/s$ | 1 | | |
| | 2 | | |
| | 3 | | |
| | 平均 | | |
| 黏度 $\eta/mPa \cdot s$ | | | |

2. 数据处理

（1）恒温槽灵敏度的测定

以 $T_B$ 对 $t$ 作图，绘出本恒温槽装置（在指定操作条件下）的灵敏度曲线，由曲线上的 $T_高$ 和 $T_低$ 求出灵敏度 $T_E$。

（2）以水为标准，计算乙醇水溶液（$\varphi=0.20$）在各温度下的黏度。

# 思 考 题

1. 恒温槽装置由哪些部件组成？

2. 水银接点温度计的结构有什么特点？如何用它来控制恒温槽的温度？

3. 为什么恒温槽的温度仍然会发生微小的波动？

4. 液体的黏度与温度的关系如何？

# 实验十二　燃烧焓的测定

## 一、实验目的

1. 学会使用氧弹式量热计测定萘的燃烧焓。
2. 了解量热计的原理和构造，掌握其使用方法。

## 二、实验原理

1mol 物质完全燃烧时的反应热效应，称为该物质的摩尔燃烧热。燃烧热的测定可以在恒温恒压或恒温恒容的条件下进行。由热力学第一定律可知，在不做非膨胀功的情况下，恒压摩尔燃烧热称为反应的摩尔燃烧焓 $\Delta_c H_m(T)$，恒容摩尔燃烧热为燃烧反应前后系统的摩尔热力学能的改变 $\Delta_c U_m(T)$，则两者之间的关系为

$$\Delta_c H_m(T) = \Delta_c U_m(T) + RT \sum_B \nu_B(g)$$

式中，$R$ 为摩尔气体常数；$T$ 为反应的绝对温度温度；$\nu_B$ 为反应体系中气体物质的计量系数。

萘完全燃烧的化学方程式为

$$C_{10}H_8(s) + 12O_2(g) \longrightarrow 10CO_2(g) + 4H_2O(g)$$

则

$$\Delta_c H_m(T) = \Delta_c U_m(T) + RT \sum_B \nu_B(g) = \Delta_c U_m(T) - 2RT$$

$$\tag{1}$$

燃烧热通常是用氧弹式量热计（见实验图 12-1）测定。内桶为仪器的主体，是本实验研究的系统。实验图 12-2 为氧弹剖面示意图，待测物质置于燃烧皿中，用燃烧丝与两电极相连（其中一根电极兼作进气管），弹体内充入 1～2MPa 的氧气。当两电极通电，待测物及燃烧丝立即燃烧，放出的热量全部被量热计系

统所吸收。量热计系统包括内桶中的水、氧弹、搅拌器、贝克曼温度计以及氧弹内反应系统中的各物质等。用贝克曼温度计测出燃烧前后量热计的温度变化值 $\Delta T$ 代入式(2)即可求出燃烧热。

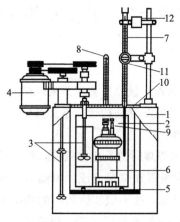

实验图 12-1  氧弹式量热计

1—水夹套；2—内桶；3—搅拌器；4—搅拌马达；5—绝热支柱；6—氧弹；7—贝克曼温度计；8—温度计；9—电极；10—弹盖；11—放大镜；12—电振动装置

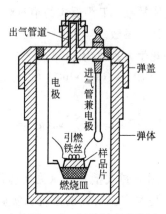

实验图 12-2  氧弹剖面示意图

$$\frac{m}{M} \times \Delta_c U_m(T) - lQ_1 = -(W_\text{水} C_\text{水} + C_\text{计}) \Delta T \qquad (2)$$

式中，$m$ 为待测物的质量；$M$ 为待测物的摩尔质量；$l$ 为燃烧掉的燃烧丝的长度；$Q_l$ 为单位长度燃烧丝燃烧后产生的热量；$W_水$ 为盛水桶中水的质量；$C_水$ 为水的热容；$C_计$ 为除水以外量热系统中其他部分的热容，也称为量热计的水当量。

通常情况下，$l$、$Q_l$ 很小可略去，在量热系统温度变化区间不大，而又无相变化的条件下，对于某一量热计而言（$W_水 C_水 + C_计$）可视作常数，式(2)可变为

$$\Delta_c U_m(T) = -\frac{M}{m} \times \overline{C} \Delta T \qquad (3)$$

$\overline{C}$ 称为量热计热容量，可以通过已知燃烧热的热化学标准物质来标定，最常用的热化学标准物质是苯甲酸。苯甲酸的标准摩尔燃烧焓 $\Delta_c H_m^{\ominus}(298.15K) = -3226.7 \text{kJ} \cdot \text{mol}^{-1}$。

实际上，系统与环境的热交换是无法完全避免的，它对温差测量值的影响可用雷诺温度校正图来校正。首先，根据实验数据绘出 $T \sim t$ 曲线，如实验图 12-3 或实验图 12-4。将实验开始后的 10 个实验数据点作出直线 $FH$，将实验结束前的 10 个实验数据点作出直线 $DG$，然后将其他实验数据点光滑连结成 $HD$ 曲线。再将直线 $FH$ 外推至 $A$ 点，同样将直线 $DG$ 外推至 $C$ 点。在两直线 $FA$ 和 $CG$ 之间，平行于纵坐标作一条垂直线 $LM$，分别相交于 $C$，$I$ 和 $A$ 点，并且使曲线 $IHA$ 所包围的面积与曲线 $CDI$ 所包围的面积基本相等，$CA$ 两点间的温差即为校正后的 $\Delta T$ 值。

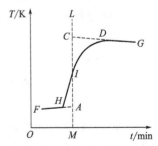

实验图 12-3　绝热良好时的雷诺温度校正图

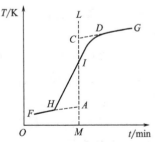

实验图 12-4　绝热较差时的雷诺温度校正图

### 三、仪器和试剂

**仪器**

弹式量热计 1 套，贝克曼温度计 1 支，1L 和 2L 容量瓶各一个，温度计 1 支，镊子、小扳手各一把，压片机；直尺，燃烧皿；万用电表，台秤，分析天平，氧气瓶

**试剂**

引燃铁丝或镍丝，酸洗石棉，苯甲酸（A.R.），萘（A.R.）

### 四、实验内容

1. 用苯甲酸标定量热计热容量 $\overline{C}$

（1）准确截取 10～13cm 铁丝或镍丝。用台秤称取 0.8～1g 苯甲酸倒入模子中，在压片机上压成片状。取出压好的样品，再用分析天平准确称量。

（2）拧开氧弹盖，将氧弹内壁擦干净。在燃烧皿底部放少许酸洗石棉，再将苯甲酸样品放入燃烧皿中，然后将燃烧皿放在氧弹盖金属弯杆的环上（见实验图 12-2）。燃烧丝绕成弹簧状，将此螺旋部分紧贴在苯甲酸样品的表面，两端固定在电极上。引燃铁丝（或镍丝）切不可触及燃烧皿壁。

（3）用万用电表检查两电极间电阻值，一般不应大于 $20\Omega$，也不应为零。慢慢旋紧氧弹盖，拧紧氧弹盖上的放气阀，卸下进气阀上的螺栓，然后将钢瓶中的氧气通过进气阀向氧弹缓缓充入 1～2MPa 的氧气。氧气充毕，检查氧弹是否漏气。再次用万用电表检查，并确认氧弹的两极为通路。否则应放出氧气，开盖检查。

（4）将氧弹放入干燥的内桶中，然后将调节至低于室温 1℃ 的 3L 自来水小心地倒入内桶。调节贝克曼温度计，使它在水中时水银柱指示在 1～2℃ 之间。

（5）将点火插头插在氧弹电极上，装好搅拌器，把已调节好的贝克曼温度计插入内桶，使水银球位于氧弹高度的一半处，应注意勿与内桶或弹壁相碰。检查控制箱的开关，注

意"振动、点火"开关应拨在"振动"挡，旋转"点火电源"旋钮到最小。然后打开总电源开关，开动内、外桶搅拌器，经 3～5min 后，待贝克曼温度计指示温度均匀变化，即开始记录。

每套量热计均附有定时电动振动器，每隔 0.5min 振动贝克曼温度计一次，以消除温度计毛细管壁对水银柱升降的黏滞现象。每次振动后读取温度，即每隔 0.5min 读取温度一次。

样品燃烧前共读取温度 10 次。温度读数精确至 0.001℃，下同。

将"振动、点火"开关拨至点火挡，旋转"点火电源"旋钮，逐步增大电流，此时系统升温速率明显加快，表示样品已燃烧。把"点火电源"旋钮转至最小，把"振动、点火"开关拨至"振动"。点火时仍然每隔 0.5min 读取温度数据一次，直至两次温度读数差值小于 0.005℃后，再读取温度 10 次。

（6）从量热计内桶取出氧弹，将内桶中的水倒掉，并将内桶擦干。缓缓打开氧弹放气阀，使气体缓缓放出，降至常压。拧开并取下氧弹盖，仔细检查氧弹内，若发现氧弹内有烟黑或未燃尽的样品微粒，则这次实验无效。

2. 测定萘的恒容燃烧热

准确称量 0.6g 的萘，按步骤 1 的方法测定。

**五、注意事项**

1. 待测样品需干燥，否则样品不宜燃烧且带来称量误差。

2. 氧弹充气时，严禁钢瓶、阀门、工具扳手及操作者手上沾有油脂，以防燃烧和爆炸。

3. 开启阀门时，人不要站在钢瓶出气处，头不要在钢瓶头之上，以保人身安全。

4. 开启总阀门前，氧气表调压阀应处于关闭状态，以免突然打开时发生意外。

5. 钢瓶内压力不得低于 1MPa，否则不能使用。

### 六、数据记录与处理

1. 将苯甲酸及萘的燃烧热的测量数据，分别按下表列出。

样品名称：_____；样品质量 $m$：_____；

水夹套中水浴的温度：_____。

| 时间 $t$/min | 温度 $T$/K | 时间 $t$/min | 温度 $T$/K | 时间 $t$/min | 温度 $T$/K |
|---|---|---|---|---|---|
|  |  |  |  |  |  |

2. 求算 $\Delta T$ 值

利用雷诺温度校正图求出苯甲酸及萘燃烧引起的量热计的温度变化值 $\Delta T$。

3. $\overline{C}$ 值的求算

根据式（3），$\overline{C}$ 值可以表示为

$$\overline{C} = -\Delta_c U_m(T) \frac{m}{M\Delta T} \tag{4}$$

将苯甲酸的实验数据代入上式，即可求出 $\overline{C}$ 值。

4. 计算萘的摩尔燃烧焓

根据式（3），计算出萘的燃烧热 $\Delta_c U_m(T)$。再根据式（1），可计算出萘的摩尔燃烧焓 $\Delta_c H_m(T)$。

## 思 考 题

1. 将实验测定的萘的摩尔燃烧焓与手册上的数据对比，计算实验误差，并予以讨论。

2. 在使用氧气钢瓶及氧气减压阀时，应注意哪些规则？

3. 试述贝克曼温度计与普通水银温度计的区别及其使用方法。

# 实验十三　纯液体物质饱和蒸气压的测定

## 一、实验目的

1. 理解纯液体饱和蒸气压与温度的关系，即克劳修斯-克拉贝龙方程。

2. 学会用平衡管测定乙醇在不同温度下的蒸气压，求算纯液体的平均摩尔汽化焓。

3. 熟练气压计的使用及其读数校正。

## 二、实验原理

在一定温度下，液体纯物质与其气相达平衡时的压力，称为该温度下该纯物质的饱和蒸气压，简称蒸气压。若设蒸气为理想气体，实验温度范围内摩尔汽化焓 $\Delta_{Vap} H_m$ 可视为常数，并略去液体的体积，纯物质的蒸气压 $p$ 与温度 $T$ 的关系可用如下克劳修斯-克拉贝龙（Clausius-Clapeyron）方程来表示。

$$\lg p = -\frac{\Delta_{Vap} H_m}{2.303R} \frac{1}{T} + C$$

式中　$p$——液体在测定温度 $T(K)$ 时的饱和蒸气压，Pa；

　　　$R$——摩尔气体常数；

　　　$C$——积分常数。

实验测定不同温度 $T$ 下的蒸气压 $p$，以 $\lg p$ 对 $1/T$ 作图，得一直线，由此可求得直线的斜率 $m$ 和截距 $C$。乙醇的平均摩尔汽化焓 $\Delta_{Vap} H_m$ 为

$$\Delta_{Vap} H_m = -2.303 mR$$

测定纯液体饱和蒸气压有静态法、动态法和饱和气流法三种。本实验采用静态法直接测定乙醇在一定温度下的蒸气压，实验装

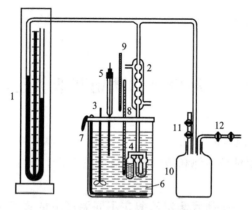

实验图 13-1　测定蒸气压的装置

1—U形汞压力计；2—冷凝器；3—搅拌器；4—平衡管；

5—水银接点温度计；6—恒温水浴；7—电加热器；

8—精密温度计；9—辅助温度计；10—缓冲瓶；

11—进气活塞；12—抽气活塞

置如实验图 13-1 所示，测定在平衡管 4（也称等张力仪）中进行。

平衡管的构造如实验图 13-2 所示。它由液体储管 $A$、$B$ 和 $C$ 组成，管内装有被测液体。在一定温度下，当 $A$，$C$ 管液面上方的空间内充满了该液体纯物质的饱和蒸气，且 $B$，$C$ 两管的液面处于同一水平时，该液体纯物质的蒸气压 $p$（也就是作用于 $C$ 管

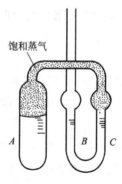

饱和蒸气

$A$　　$B$　$C$

实验图 13-2　平衡管

液面上的压力）正好与 B 管液面上的外压 $p_{外}$ 相等。所以，该液体纯物质的蒸气压就可由外接的 U 形压力计测得。

### 三、仪器和试剂

**仪器**

静态法测定蒸气压的装置 1 套，30dm³ 机械真空泵（公用）1 台

**试剂**

无水乙醇（A.R.）

### 四、实验内容

1. 在平衡管 4 的 A 管内加入约 2/3 体积的无水乙醇，并在 B，C 管内保留一定量的无水乙醇。按实验图 13-1 连接装置，必须使恒温水浴的水面高出平衡管 2cm 以上。记录实验开始时的大气压力。

2. 打开冷凝器 2 的冷却水阀门，关闭进气活塞 11，开启抽气活塞 12 进行减压，在系统的压力降低到 93kPa 以下的真空度后，再关闭抽气活塞 12。这时系统处在真空下，仔细观察 U 形压力计 1 的水银柱高度是否改变。若汞柱高度恒定不变（开始时可能有微小变化，其后要求做到 2min 内保持不变），则表示系统的封闭性良好；若汞柱高度不恒定，则表示系统漏气，必须查出原因予以排除。

3. 将水银接点温度计 5 调整到 25℃左右（可以取略高于室温的某个温度为第一测定点，如在夏季可以取 30℃ 或 35℃）。开启电子继电器，启动搅拌器 3，调节其转速使之产生良好的搅拌效果。由于系统处在真空下，乙醇的温度很快超出了它的沸点，而不断有气泡自 B 管向上冒出。这时过热的乙醇在剧烈沸腾，乙醇蒸气夹带着 A、C 管液面上方封闭空间内的空气不断冒出，使平衡管内的空气被排出，乙醇蒸气则在冷凝器内凝聚，回流到平衡管内，在 U 形管内形成液封。维持沸腾 3min，就可认为空气已被排除干净。

4. 打开前一个进气活塞 11 随即关闭，然后打开后一个进气

活塞 11 随即关闭（注意前后两个进气活塞不能同时打开），此时仅有微量空气进入 B 管上部，B 管液面随系统真空度的略微下降而微微跌落。重复上述分别打开又随即关闭前后两个进气活塞的操作，直至 B 管液面与 C 管液面基本处于同一水平（注意：开启活塞 11 时切不可太快，以免发生空气倒灌。如发生空气倒灌，则必须重新排除空气）。保持恒温 2min，注意观察 B，C 两管的液面，当两液面处在同一水平时，准确读取精密温度计 8 的示值 T，同时记录 U 形压力计的示值 h（左右两侧的汞柱高差），至此就完成第一组数据的测定。

5. 将水银接点温度计逐次调高 5℃左右，照第一组数据测定的操作步骤，测定另外 5 个温度（例如 30℃，35℃，40℃，45℃及 50 ℃）下的数据。注意在升温过程中，要逐次放入少量空气，既要防止液体暴沸，又要避免空气倒灌。

6. 实验结束后，缓慢打开活塞，系统通大气，记录实验结束时的大气压力，取实验前后两次的平均值为实验的大气压力。关闭电源，待平衡管内乙醇冷却后，关掉冷凝器的冷却水。

本实验中，气压计读数和 U 形水银压力计读数都不作温度校正。

**五、注意事项**

1. 平衡管中 A，C 管液面上方的空气必须排除。

2. 抽气的速度要适中，避免平衡管内液体沸腾过剧致使 B 管内液体被抽尽。

3. 液体蒸气压与温度有关，因此在测定过程中温度需控制在 $\pm(0.1\sim0.2)$K。

4. 在升温时，需随时注意调节进气活塞 11，使 B，C 两管的液面保持等位，不发生沸腾，也不能使液体倒灌入 A 管内。

**六、数据记录与处理**

室温：_____℃；

大气压力（实验前）：_____kPa；大气压力（实验后）：

_____kPa；

大气压力（平均值）：_____kPa，即 $p_0 =$ _____kPa。

记录表格

| 编号 | 实验温度 $T/℃$ | 测压仪（或汞高差）读数 $h/kPa$ | 蒸气压 $p = p_0 - h$ /kPa | $\lg p$ | $1/T$ |
|------|------|------|------|------|------|
| 1 | | | | | |
| 2 | | | | | |
| 3 | | | | | |
| 4 | | | | | |
| 5 | | | | | |
| 6 | | | | | |

（1）根据实验数据，作出 $\lg p$ 对 $1/T$ 图。

（2）求算直线的斜率 $m$、乙醇的摩尔汽化焓 $\Delta_{vap}H_m$。

# 思 考 题

1. 为什么在测定前必须把平衡管储管内的空气排除干净？如果在操作过程中发生空气倒灌，应如何处理？

2. 如何检查系统是否漏气？能否在加热升温的过程中检查漏气？

3. 升温过程中如液体急剧汽化，应如何处理？

4. 如何由 U 形压力计两侧汞柱的高度差来求得被测液体的蒸气压？

# 实验十四　溶液的表面张力的测定

## 一、实验目的

1. 掌握用气泡最大压力法测定液体的表面张力的方法。

2. 了解溶液表面吸附对表面张力的影响。

3. 测定不同浓度下正丁醇水溶液的表面张力，从 $\sigma \sim c$ 曲线求溶液表面的吸附量。

## 二、实验原理

纯液体表面层与本体组成相同，在温度、压力一定时，表面张力是一定值。对于溶液，由于溶质会影响表面张力，因此可以调节溶质在表面层的浓度来降低表面能。若溶质能使溶剂的表面张力升高，则表面层的浓度低于本体浓度；若溶质能降低溶剂的表面张力，则表面层的浓度会高于本体浓度。这种溶质在表面层的浓度与在本体的浓度不同的现象称为吸附。

在温度、压力一定时，表面吸附量与溶液的表面张力及浓度关系可由下式表示。

$$\Gamma = -\frac{c}{RT}\frac{\mathrm{d}\sigma}{\mathrm{d}c} \tag{1}$$

该式称吉布斯吸附等温式。

式中，$\Gamma$ 为表面吸附量，单位为 $\mathrm{mol \cdot m^{-2}}$；$c$ 为溶液浓度，单位为 $\mathrm{mol \cdot L^{-1}}$；$\sigma$ 为表面张力，单位为 $\mathrm{N \cdot m^{-1}}$。对于极性有机物质和表面活性物质，当浓度增加时溶液的表面张力降低，即 $\mathrm{d}\sigma/\mathrm{d}c < 0$，则 $\Gamma > 0$，溶液表面浓度大于本体浓度，称之为正吸附。

对于发生正吸附的物质，开始时随着 $c$ 的增加 $\sigma$ 迅速下降，以后逐渐平缓，其 $\sigma \sim c$ 曲线如实验图 14-1 所示。如在图中曲线

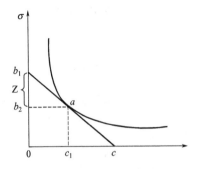

实验图 14-1　表面张力和浓度的关系

上某点 $a$ 作切线和平行于横坐标的直线，分别交纵坐标轴于 $b_1$ 和 $b_2$。令 $b_1b_2=Z$，则

$$Z=-c\frac{\mathrm{d}\sigma}{\mathrm{d}c}$$

由式(1)可得

$$\Gamma=\frac{Z}{RT}$$

　　本实验用气泡最大压力法测定溶液的表面张力，如实验图 14-2 所示。此法是将毛细管的一端与液面相接触，如果设法降低溶液表面的压力，使毛细管内气体压力大于溶液表面的压力，则在毛细管与溶液相接触处将产生一气泡，随着压力差加大，气泡的曲率半径由大减小，直至形成曲率半径最小（等于毛细管半径）的半球形气泡，此时其承受的压力差最大，随后大气压力将此气泡压出毛细管口，曲率半径再次增大，以致气泡逸出。最大压力差 $\Delta p$ 可以从 U 形压力计上读出。

$$\Delta p=\rho g\Delta h \tag{2}$$

式中，$\Delta h$ 为 U 形压力计两边读值差；$\rho$ 为压力计内液体的体积质量；$g$ 为重力加速度。

　　半球形气泡在毛细管口受到由表面张力起的作用力为 $2\pi\sigma r$，$r$ 为毛细管的半径，$\sigma$ 为表面张力。半球形气泡所受到的压力与表面张力的作用大小应相等，即

$$\pi r^2 \cdot \Delta h \rho g = 2\pi r \sigma$$

则

$$\sigma = \frac{r}{2}\Delta h \rho g \tag{3}$$

对于同一毛细管和同一压力计而言，$r$ 和 $\rho$ 为定值，将 $\frac{r}{2}\rho g$ 合并为常数 $K$，得

$$\sigma = K \cdot \Delta h \tag{4}$$

$K$ 称为仪器常数，可用已知表面张力的液体标定求得。

### 三、仪器和试剂

**仪器**

带支管试管，毛细管，滴液漏斗，小烧杯，T 形管，倾斜式酒精压力计，恒温水槽

**试剂**

正丁醇（A. R.）

### 四、实验内容

1. 测定仪器常数 $K$

按实验图 14-2 装好预先洗净的表面张力仪，本实验的关键在于毛细管尖端要洁净，所以首先应洗净毛细管，通常先用温热的洗液浸洗，用水冲洗后，再用蒸馏水淋洗数次，就可供测定用。

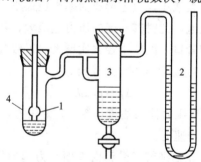

实验图 14-2　测定表面张力装置图

1—毛细管；2—压力计；3—滴液漏斗；4—带支管的试管

在带支管试管中加入蒸馏水，置于恒温水槽中，恒温槽的温度调节到20℃。将毛细管插入试管中，使毛细管的下端刚好与液面相接触。调整表面张力仪位置，使之保持与水平垂直，恒温10min，另将水注入滴液漏斗中。塞紧抽气瓶橡皮塞，略微开启漏斗活塞，控制滴液速度，使气泡一个个均匀逸出，一般以每分钟形成5~10个气泡为宜。当气泡形成的速率稳定后，读取U形压力计上的最大压差 $\Delta h$，至少测定3次，取其平均值。

由附录中查出25℃时水的表面张力，根据 $K = \dfrac{\sigma}{\Delta h}$，计算仪器常数 $K$ 值。

2. 测定不同浓度下正丁醇水溶液的表面张力

配制一系列不同浓度正丁醇水溶液，按由稀溶液到浓溶液的顺序，依上法测定其表面张力。同样的方法测定每次测量前需用待测液洗涤毛细管和试管2~3次，并注意保护毛细管的尖端勿使其碰损或玷污。

实验结束后，将毛细管拆下，用蒸馏水反复冲洗干净后（特别是毛细管内部），将毛细管浸入纯净的蒸馏水中放置。

### 五、数据记录与处理

1. 表面张力的测定数据表

| 项 目 | | 纯水 | 正丁醇水溶液 $c/\text{mol} \cdot \text{L}^{-1}$ | | | | | | |
|---|---|---|---|---|---|---|---|---|---|
| | | | 0.020 | 0.050 | 0.100 | 0.200 | 0.250 | 0.300 | 0.350 |
| $h_{左}/\text{mm}$ | 1 | | | | | | | | |
| | 2 | | | | | | | | |
| | 3 | | | | | | | | |
| | 平均 | | | | | | | | |
| $h_{右}/\text{mm}$ | 1 | | | | | | | | |
| | 2 | | | | | | | | |
| | 3 | | | | | | | | |
| | 平均 | | | | | | | | |
| $\Delta h/\text{mm}$ | | | | | | | | | |
| $\sigma/\text{N} \cdot \text{m}^{-1}$ | | | | | | | | | |

## 2. 作 $\sigma \sim c$ 图

用坐标纸作 $\sigma \sim c$ 图，要描成光滑曲线。在 $\sigma \sim c$ 曲线上取 8 个点，作各点的切线，并分别求出各切线的斜率 $d\sigma/dc$ 值，并将 $d\sigma/dc$ 值代入到吉布斯等温式中算出各对应浓度的 $\Gamma$ 值. 将所得数据列表如下。

| $c/\mathrm{mol \cdot L^{-1}}$ | | | | | | | | |
|---|---|---|---|---|---|---|---|---|
| $\dfrac{d\sigma}{dc}$ | | | | | | | | |
| Z | | | | | | | | |
| $\Gamma/\mathrm{mol \cdot m^2}$ | | | | | | | | |

## 3. 作出 $\Gamma \sim c$ 图，即吸附等温线

# 思 考 题

1. 哪些因素影响本实验的测定结果？如何减少或消除这些因素？

2. 如果气泡从毛细管端逸出速率较快，或气泡连续逸出，对实验结果有什么影响？

3. 如果毛细管的尖端沾有油污，则测得的表面张力将偏高还是偏低？

# 实验十五　凝固点降低法测定物质的摩尔质量

## 一、实验目的

1. 加深对溶液依数性的理解。
2. 掌握凝固点降低法测定物质摩尔质量的原理与技术。
3. 掌握贝克曼温度计的使用方法。

## 二、实验原理

难挥发非电解质稀溶液的凝固点降低值 $\Delta T_f$ 与溶液中溶质 B 的质量摩尔浓度（$b_B$）成正比，即

$$\Delta T_f = T_f^* - T_f = k_f b_B \tag{1}$$

式中，$T_f^*$ 为纯溶剂的凝固点；$T_f$ 为溶液的凝固点；$k_f$ 为凝固点下降系数，其 SI 单位为：$K \cdot kg \cdot mol^{-1}$。凝固点下降系数 $k_f$ 数值只与溶剂性质有关，而与溶质性质无关，如溶剂环己烷的凝固点下降系数 $k_f$ 为 20.10 $K \cdot kg \cdot mol^{-1}$。

又知

$$b_B = \frac{m_B}{M_B m_A} \times 1000 \tag{2}$$

则式（1）可改写为

$$\Delta T_f = \frac{k_f m_B}{M_B m_A} \times 1000 \tag{3}$$

则

$$M_B = \frac{k_f m_{(B)}}{\Delta T_f m_{(A)}} \times 1000 \tag{4}$$

式中，$m(A)$，$m(B)$ 分别为溶剂 A 和溶质 B 的质量，单位为 g；$M_B$ 为溶质的摩尔质量，单位为 $g \cdot mol^{-1}$。若已知 $k_f$，测得

$\Delta T_\mathrm{f}$，便可利用式（4）求得 $M_\mathrm{B}$。

凝固点的测定可采用过冷法。纯溶剂的冷却曲线如实验图
15-1 所示，图中的低下部分表示发生了过冷现象，即溶剂冷至
凝固点以下仍无固相析出。这是由于开始结晶出的微小晶粒的饱
和蒸气压大于同温度下普通晶体和液体的饱和蒸气压，所以往往
产生过冷现象，即液体的温度要降到凝固点以下才析出固体，随
后温度再上升到凝固点。

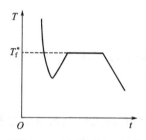

实验图 15-1　纯溶剂的冷却曲线　　　实验图 15-2　溶液的冷却曲线

溶液的冷却曲线如实验图 15-2 所示。溶液的冷却情况与纯
溶剂不同，当溶液冷却到凝固点时，开始析出固态纯溶剂。随着
溶剂的析出，溶液的浓度相应增大，所以溶液的凝固点随着溶剂
的析出而不断下降，在冷却曲线上得不到温度不变的水平线段。
因此在测定浓度一定的溶液的凝固点时，析出的固体越少，测
得的凝固点才越准确。同时过冷程度应尽量减小，一般可采用
在开始结晶时，加入少量溶剂的微小晶体作为晶种的方法，以
促使晶体生成，或者用加速搅拌的方法促使晶体成长。当有过
冷情况发生时，溶液的凝固点应从冷却曲线上待温度回升后外
推而得。

### 三、仪器与试剂

**仪器**

凝固点降低实验装置一套，贝克曼温度计 1 支，0～15℃普
通温度计 1 支，600mL 烧杯 1 个，25mL 移液管 1 支，分析天平

1台，放大镜1个，压片机1台

**试剂**

蒸馏水，葡萄糖（A.R.），碎冰，粗盐

**四、实验内容**

1. 安装实验装置

实验图 15-3 为凝固点测定装置。在冰槽中装入 1/3 的水和
2/3 的冰，加粗盐，调节冰水混合物的温度在 −4℃ 左右，作为
冷冻剂。调节贝克曼温度计水银柱端面在 0℃ 时落在距顶端刻度
1~2℃ 范围内。将贝克曼温度计擦干插入测定管，检查小搅拌
棒，使它能上下自由运动而不与温度计摩擦。

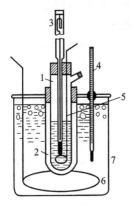

实验图 15-3　凝固点测定装置

1—测定管；2—外套管；3—贝克曼温度计；4—温度计；

5—小搅拌棒；6—大搅拌棒；7—冰槽（最好用杜瓦瓶）

2. 测定纯溶剂水的凝固点

用移液管移取 25.00mL 蒸馏水小心加入干净的测定管中，
将测定管直接浸入冰水浴中，快速搅拌，使蒸馏水逐渐冷却，当
有固体析出时，迅速取出测定管，擦干管外的冰水后，放入外套
管内，轻轻搅拌 2min，记下最后稳定的温度值，即为水的参考
凝固点。然后取出测定管，不断搅拌，用手将其微热，使固体完

全熔化，再插入冰水中，缓慢搅拌，使水迅速冷却，当温度降至高于参考凝固点 0.5℃ 时，迅速取出测定管，擦干管外的冰水后，放入外套管内，每秒钟搅拌一次，使水的温度均匀下降。当温度低于参考凝固点温度时，快速搅拌，使固体析出。当温度迅速回升时，减慢搅拌，注意观察温度计读数的变化，直至稳定，即为水的凝固点。重复测定，直到取得三个偏差不超过 ±0.005℃ 的数据为止。

3. 测定溶液的凝固点

用分析天平准确称量约 1.5g 的葡萄糖，放入装有 25.00mL 蒸馏水的测定管中，充分并搅拌，使葡萄糖全部溶解。按上述实验方法和要求，测定葡萄糖水溶液的凝固点。

### 五、数据记录与处理

1. 将实验数据填入下表中，并由式（4）计算葡萄糖的摩尔质量。

| 物质的质量 $m_B/g$ | | 凝固点 $T/K$ | 凝固点降低值 $\Delta T_f/K$ | 摩尔质量 $M/g \cdot mol^{-1}$ |
|---|---|---|---|---|
| 蒸馏水 | | 1 | | |
| | | 2 | | |
| | | 3 | | |
| | | 平均值 | | |
| 葡萄糖 | 第一次 | 1 | | |
| | | 2 | | |
| | | 3 | | |
| | | 平均值 | | |
| | 第二次 | 1 | | |
| | | 2 | | |
| | | 3 | | |
| | | 平均值 | | |

2. 与标准值比较，计算本实验的相对误差，并说明原因。

# 思 考 题

1. 为什么纯溶剂和溶液的冷却曲线不同？如何根据冷却曲线确定凝固点？

2. 溶剂的凝固点和溶液的凝固点的读取法有何不同？为什么？

3. 为什么测定纯溶剂的凝固点时，过冷程度大一些对测定结果影响不大，而测定溶液凝固点时却必须尽量减小过冷程度？

# 实验十六　分析天平的称量练习

## 一、实验目的

1. 了解分析天平的构造。

2. 学会分析天平的使用方法。

3. 培养准确、简明地记录实验原始数据的习惯。

## 二、实验原理

见第一部分第三章第一节中有关天平的介绍

## 三、仪器和试剂

### 仪器

台秤，分析天平，干燥器，称量瓶，小烧杯

### 试剂

$CuSO_4 \cdot 5H_2O$（固）

## 四、实验内容

### 1. 直接称样法

从干燥器中取出盛有 $CuSO_4 \cdot 5H_2O$ 粉末的称量瓶和干燥的小烧杯，先在台秤上粗称其质量，记在记录本上。然后按粗称质量在分析天平上加好克重砝码，只要调节指数盘就可准确称出（称量瓶＋试样）的质量和空烧杯的质量（准确至 0.1 mg）。记录（称量瓶＋试样）的质量 $m_1$、空烧杯质量 $m_0$。

### 2. 减量称样法

将称量瓶中的试样慢慢倾入按上法已准确称出质量的空烧杯中。倾样时，由于初次称量，缺乏经验，很难一次倾准，因此要试称，即第一次倾出少些，粗称此量，根据此质量估计不足的量（为倾出量的份数），继续倾出此量，然后再准确称重，设为 $m_2$，

则 $(m_1-m_2)$ 为倾出试样的质量。

称出（小烧杯＋试样）的质量，记为 $m_3$。检查 $(m_1-m_2)$ 是否等于小烧杯增加的质量 $(m_3-m_0)$，如不相等，求出差值。要求每份试样质量在 $0.2\sim0.4g$，称量的绝对差值小于 $0.5mg$。如不符合要求，分析原因并继续再称。

3. 指定重量称样法

对于在空气中稳定的试样如金属、矿石样，常称取某一固定质量的试样。可先在天平两边托盘上放等重的两块洁净的表面皿，重新"调零"后，在右盘上增加固定质量的砝码，用药匙将试样加在左盘表面皿中央。开始时加入少量试样，然后慢慢将试样敲入表面皿中，每次敲入后打开天平升降枢观察，直至天平停点与称量"调零"时相一致（误差 $\pm0.2mg$）。

经称量练习后，如果实验结果已符合要求，再做一次计时称量练习，以检验自己称量操作的熟练程度。

参照下列表格记录实验数据并计算实验结果。

| 称 量 次 数 | 1 | 2 | 3 |
|---|---|---|---|
| 倾出前 $m_1$（称瓶＋试样）/g | | | |
| 倾出后 $m_2$（称瓶＋试样）/g | | | |
| 称出试样 $(m_1-m_2)$/g | | | |
| 空烧杯 $m_0$/g | | | |
| （烧杯＋试样）$m_3$/g | | | |
| 称得试样 $(m_3-m_0)$/g | | | |
| 绝对差值/mg | | | |

注：绝对差值＝$(m_1-m_2)-(m_3-m_0)$

# 思 考 题

1. 为什么在天平梁没有托住的情况下，绝对不允许把任何东西放在盘上或从盘上取下？

2. 电光分析天平称量前一般要调好零点，如偏离零点标线几小格，能否进行称量？

3. 指定质量称样法和减量称样法各宜在何种情况下采用？

# 实验十七　滴定分析基本操作练习

## 一、实验目的

1. 初步掌握滴定管、移液管的使用方法。

2. 练习滴定分析的基本操作。

3. 通过甲基橙和酚酞指示剂的使用，初步熟悉判断滴定终点的方法。

## 二、实验原理

一定浓度的 HCl 溶液和 NaOH 溶液相互滴定，到达终点时，所消耗的两种溶液体积之比 $[V(HCl)/V(NaOH)]$ 应是一定的。因此，通过滴定分析的练习，可以检验滴定操作技术及判断滴定终点的能力。

滴定终点的判断是否正确，是影响滴定分析准确度的重要因素。滴定终点是根据指示剂变色来判断的，绝大多数指示剂变色是可逆的，这有利于练习判断终点。本实验选用的指示剂甲基橙的变色范围是 pH＝3.1（红色）～4.4（黄色），pH＝4.0 附近为橙色。用 NaOH 溶液滴定 HCl 溶液时，终点颜色的变化为由橙色转变为黄色，而用 HCl 溶液滴定 NaOH 溶液时，则由黄色转变为橙色。酚酞指示剂的变色范围是 pH＝8.0（无色）～10.0（红色），用 NaOH 溶液滴定 HCl 溶液时，终点颜色由无色转变为微红色，并保持 30s 内不褪色。

## 三、仪器和试剂

### 仪器

酸式滴定管（50mL），碱式滴定管（50mL），移液管（25mL），锥形瓶（250mL）

**试剂**

HCl 溶液 （0.1mol·L⁻¹），NaOH 溶液 （0.1mol·L⁻¹），甲基橙，酚酞

**四、实验内容**

1. 酸式滴定管的准备

取 50mL 酸式滴定管一支，其旋塞涂以凡士林，检漏、洗净后，用所配的 HCl 溶液将滴定管洗涤三次（每次用约 10mL），再将 HCl 溶液直接由试剂瓶倒入管内至刻度"0"以上，排除出口管内气泡，调节管内液面至 0.00mL 处。

2. 碱式滴定管的准备

碱式滴定管经安装橡皮管和玻璃珠、检漏、洗净后，用所配的 NaOH 溶液洗涤三次（每次用约 10mL），再将 NaOH 溶液直接由试剂瓶倒入管内至刻度"0"以上，排除橡皮管内和出口管内的气泡，调节管内液面至 0.00mL 处。

3. 移液管的准备

移液管洗净后，以待吸溶液洗涤三次待用。

4. 以甲基橙为指示剂，用 HCl 溶液滴定 NaOH 溶液

由碱式滴定管放出 25.00mL NaOH 溶液于 250mL 锥形瓶中，放出速度为 10mL·min⁻¹，加甲基橙指示剂 2~3 滴，用 HCl 溶液滴定至溶液刚好由黄色转变为橙色，即为终点，准确读取并记录滴定消耗的 HCl 溶液的体积。平行滴定三次，要求测定的相对平均偏差在 0.2% 以内。

5. 以酚酞为指示剂，用 NaOH 溶液滴定 HCl 溶液

用移液管移取 HCl 溶液 25.00mL 于 250mL 锥形瓶中，加酚酞指示剂 2~3 滴，用 NaOH 溶液滴定至呈微红色，并保持 30s 内不褪色，即为终点，准确读取并记录滴定消耗的 NaOH 溶液的体积。平行测定三次，要求测定的相对平均偏差在 0.2% 以内。

### 五、数据记录与处理

#### 1. HCl 溶液滴定 NaOH 溶液（指示剂：甲基橙）

| 项目/次数 | 1 | 2 | 3 |
|---|---|---|---|
| $V(NaOH)/mL$ | 25.00 | 25.00 | 25.00 |
| $V(HCl)/mL$ | | | |
| $V(HCl)/V(NaOH)$ | | | |
| $V(HCl)/V(NaOH)$的平均值 | | | |
| 个别测定的绝对偏差 | | | |
| 平均偏差 | | | |
| 相对平均偏差 | | | |

#### 2. NaOH 溶液滴定 HCl 溶液（指示剂：酚酞）

| 项目/次数 | 1 | 2 | 3 |
|---|---|---|---|
| $V(HCl)/mL$ | 25.00 | 25.00 | 25.00 |
| $V(NaOH)/mL$ | | | |
| $V(HCl)/V(NaOH)$ | | | |
| $V(HCl)/V(NaOH)$的平均值 | | | |
| 个别测定的绝对偏差 | | | |
| 平均偏差 | | | |
| 相对平均偏差 | | | |

注：绝对偏差＝个别测定值－平均值；

平均偏差 $= \dfrac{\sum|绝对偏差|}{平行测定次数}$；相对平均偏差 $= \dfrac{平均偏差}{平均值} \times 100\%$。

# 实验十八　食醋中总酸度的测定

## 一、实验目的

1. 学会食醋中总酸度的测定方法。
2. 掌握 NaOH 标准溶液的配制和标定方法。
3. 了解强碱滴定弱酸的反应原理及指示剂的选择。

## 二、实验原理

食醋的主要成分是醋酸（HAc），此外还含有少量其他弱酸如乳酸等。用 NaOH 标准溶液滴定，在化学计量点时溶液呈弱碱性，选用酚酞作指示剂，测得的是总酸度，以醋酸的质量浓度 $\rho(g \cdot mL^{-1})$ 来表示。

标定 NaOH 溶液的基准物质有 $H_2CO_4 \cdot 2H_2O$、$KHC_2O_4$、邻苯二甲酸氢钾（$KHC_8H_4O_4$）等，其中邻苯二甲酸氢钾易制得纯品，摩尔质量大，称量误差小，不含结晶水，不吸潮，易保存，最为常用。选用酚酞作指示剂，标定反应如下。

$$KHC_8H_4O_4 + NaOH \longrightarrow KNaC_8H_4O_4 + H_2O$$

酸碱滴定中，$CO_2$ 对滴定有影响。$CO_2$ 的来源有很多，如水中溶解的 $CO_2$、标准碱液或配制碱液的试剂本身吸收的 $CO_2$、滴定过程中溶液不断吸收空气中的 $CO_2$ 等。它对滴定的影响是多方面的，其中最重要的是 $CO_2$ 可能参与与碱的反应，由于 $CO_2$ 溶于水后达到平衡时，每种存在形式的分布系数随溶液 pH 不同而不同。因而终点时溶液 pH 不同，$CO_2$ 带来的误差大小也不一样。显然，终点时 pH 越低，$CO_2$ 的影响越小。如果终点时溶液的 pH 小于 5，则 $CO_2$ 的影响可以忽略不计。

### 三、仪器和试剂

**仪器**

台秤，分析天平，烧杯，试剂瓶（带橡皮塞），称量瓶，容量瓶（250mL），移液管（25mL），锥形瓶（25mL），滴定管（50mL）

**试剂**

NaOH（固），邻苯二甲酸氢钾（A.R.），食醋，酚酞

### 四、实验内容

1. 0.1mol·L$^{-1}$NaOH溶液的配制和标定

配制：用台秤迅速称取4.0g固体NaOH于烧杯中，加适量水（新煮沸的冷蒸馏水）溶解，倒入具有橡皮塞的试剂瓶中，加水稀释至1L，摇匀，贴好标签备用。

标定：用减量法准确称取邻苯二甲酸氢钾（A.R.）三份，每份约0.4~0.5g，分别放在250mL锥形瓶中，各加入50mL温热水溶解，冷却后加2滴酚酞指示剂，用NaOH溶液滴定至溶液刚好由无色呈现粉红色，并保持30s不褪。记下所消耗的NaOH溶液体积，计算NaOH溶液的准确浓度。要求三次测定的相对平均偏差小于0.2%，否则应重新测定。

2. 食醋的测定

准确吸取醋样10.00mL于250mL容量瓶中，以新煮沸并冷却的蒸馏水稀释至刻度，摇匀。用移液管吸取25.00mL稀释过的醋样于250mL锥形瓶中，加入25mL新煮沸并冷却的蒸馏水，加酚酞指示剂2~3滴，用已标定的NaOH标准溶液滴定至溶液呈现粉红色，并在30s内不褪色，即为终点。根据NaOH标准溶液的用量，计算食醋的总酸度。

### 五、数据记录与处理

| 记录项目 | 次数 | 1 | 2 | 3 |
|---|---|---|---|---|
| 0.1mol·L$^{-1}$ NaOH 溶液的标定 | $m$(邻苯二甲酸氢钾)/g | | | |
| | V(NaOH)/mL | | | |
| | c(NaOH)/mol·L$^{-1}$ | | | |

| 记录项目 \ 次数 | | 1 | 2 | 3 |
|---|---|---|---|---|
| 0.1mol·L⁻¹ NaOH 溶液的标定 | 平均值 $c(\text{NaOH})/\text{mol·L}^{-1}$ | | | |
| | 相对偏差/% | | | |
| | 相对平均偏差/% | | | |
| 醋酸含量的测定 | 吸取稀释后的醋酸的体积/mL | 25.00 | 25.00 | 25.00 |
| | $V(\text{NaOH})/\text{mL}$ | | | |
| | 稀释后 $c(\text{HAc})/\text{mol·L}^{-1}$ | | | |
| | 稀释后平均值 $c(\text{HAc})/\text{mol·L}^{-1}$ | | | |
| | 总酸度/$g·mL^{-1}$ | | | |

注：计算公式

$$c(\text{NaOH}) = \frac{m(\text{KHC}_8\text{H}_4\text{O}_4) \times 1000}{M(\text{KHC}_8\text{H}_4\text{O}_4) \times V(\text{NaOH})} \quad (\text{mol·L}^{-1})$$

$$\rho(\text{HAc}) = \frac{c(\text{HAc}) \times 250 \times 10^{-3} \times M(\text{HAc})}{10} \quad (\text{g·mL}^{-1})$$

# 思 考 题

1. 强碱滴定弱酸与强碱滴定强酸相比，滴定过程中 pH 变化有哪些不同点？

2. 测定食醋含量时，为什么蒸馏水中不能含有 $CO_2$？

3. 滴定醋酸时为什么要用酚酞作指示剂？为什么不可以用甲基橙或甲基红？

# 实验十九 混合碱中 NaOH 和 Na$_2$CO$_3$ 含量的测定

## 一、实验目的

1. 掌握 HCl 标准溶液的配制和标定方法。

2. 掌握用双指示剂法测定混合碱中 NaOH 和 Na$_2$CO$_3$ 含量的方法。

3. 了解酸碱滴定法在碱度测定中的应用。

## 二、实验原理

碱液易吸收空气中的 CO$_2$ 形成 Na$_2$CO$_3$，苛性碱实际上往往含有 Na$_2$CO$_3$，故称为混合碱。工业产品碱液中 NaOH 和 Na$_2$CO$_3$ 的含量，可在同一份试液中用两种不同的指示剂分别测定，此种方法称为"双指示剂法"。此法方便、快速、应用普遍。

测定时，混合碱中 NaOH 和 Na$_2$CO$_3$ 是用 HCl 标准溶液滴定的，可用酚酞及甲基橙来分别指示滴定终点。当酚酞变色时，NaOH 已全部被中和，而 Na$_2$CO$_3$ 只被滴定到 NaHCO$_3$，即只中和了一半。其反应式如下。

$$NaOH + HCl \longrightarrow NaCl + H_2O$$
$$Na_2CO_3 + HCl \longrightarrow NaCl + NaHCO_3$$

在此溶液中再加甲基橙指示剂，继续滴定到终点，则生成的 NaHCO$_3$ 被进一步中和为 CO$_2$，反应式为

$$NaHCO_3 + HCl \longrightarrow NaCl + H_2O + CO_2 \uparrow$$

设酚酞变色时，用去 HCl 溶液的体积为 $V_1$（mL），此后，

至甲基橙变色时又用去 HCl 溶液的体积为 $V_2(\text{mL})$，则 $V_1$ 必大于 $V_2$。根据滴定用去的 HCl 毫升数，即可求出碱液中 NaOH 和 $Na_2CO_3$ 的含量。

### 三、仪器和试剂

**仪器**

分析天平，量杯（量筒），试剂瓶，称量瓶，滴定管（50mL），烧杯，容量瓶（250mL），移液管（25mL），锥形瓶（250mL）

**试剂**

HCl（浓），$Na_2CO_3$（无水），硼砂，混合碱，甲基橙，酚酞

### 四、实验内容

1. $0.1\text{mol} \cdot \text{L}^{-1}$ HCl 溶液的配制和标定

配制：用洁净的量杯（或量筒）量取 9mL 浓 HCl，注入预先盛有适量水的试剂瓶中，加水稀释至 1L，摇匀，然后用基准物进行标定。使用的基准物不同，其标定的方法也有所不同，下面分别介绍。

（1）用无水碳酸钠作基准物质

标定时发生的化学反应方程式如下。

$$Na_2CO_3 + 2HCl \longrightarrow 2NaCl + H_2O + CO_2 \uparrow$$

滴定至反应完全时，溶液的 pH 为 3.89，通常选用甲基橙作指示剂。

① 称量法。用减量法准确称取无水碳酸钠三份，每份约 $0.15 \sim 0.2\text{g}$，分别放在 250mL 锥形瓶内，各加 50mL 水溶解，摇匀，加 1 滴甲基橙指示剂，用 HCl 溶液滴定到溶液刚好由黄变橙即为终点。由 $Na_2CO_3$ 的质量及消耗的 HCl 体积，计算 HCl 溶液的准确浓度。

因无水碳酸钠吸水性强，通常采用移液管法。

② 移液管法。用减量法准确称取无水碳酸钠 1.2～1.5g，置于 250mL 烧杯中，各加 50mL 水搅拌溶解后，定量转入 250mL 容量瓶中，并将烧杯洗涤 2～3 次后的溶液一并转入到容量瓶中。用水稀释至刻度，摇匀，作为标准溶液备用。

用移液管移取 25.00mL 上述 $Na_2CO_3$ 标准溶液于 250mL 锥形瓶中，加入 1 滴甲基橙指示剂，用 HCl 溶液滴定至溶液刚好由黄色变为橙色即为终点，记下所消耗的 HCl 溶液体积，计算 HCl 溶液的准确浓度。

（2）用硼砂作基准物质

硼砂作为基准物的优点是摩尔质量大，称量引起的相对误差较小。硼砂用于标定 HCl 的反应式如下。

$$Na_2B_4O_7 + 2HCl + 5H_2O \longrightarrow 4H_3BO_3 + 2NaCl$$

用减量法准确称取 0.4～0.5g $Na_2B_4O_7 \cdot 10H_2O$ 溶于 50mL 水中，加 2 滴甲基红溶液，用 HCl 溶液滴定至溶液由黄色变为微红色即为终点，记下所消耗的 HCl 溶液体积，计算 HCl 溶液的准确浓度。

2. 混合碱分析

用称量瓶以减量法准确称取混合碱试样 1.3～1.5g 于 250mL 烧杯中，加少量新煮沸的冷蒸馏水，搅拌使其完全溶解，然后转移到一洁净的 250mL 容量瓶中，用新煮沸的冷蒸馏水稀释至刻度，充分摇匀。

用移液管吸取 25.00mL 上述试液三份，分别置于 250mL 锥形瓶中，各加 50mL 新煮沸的蒸馏水，再加 1～2 滴酚酞指示剂，用 HCl 标准溶液滴定至溶液由红色刚变为无色，即为第一终点，记下消耗 HCl 标准溶液的用量，设为 $V_1$（mL）。然后，再加入 1～2 滴甲基橙指示剂于此溶液中，此时溶液呈黄色。继续用 HCl 标准溶液滴定，直至溶液出现橙色，即为第二终点，记下第二次消耗 HCl 标准溶液的用量，设为 $V_2$（mL）。根据 $V_1$ 和

$V_2$ 计算 NaOH 和 $Na_2CO_3$ 的质量分数。

**五、实验记录** （注：本实验以无水 $Na_2CO_3$ 作基准物质采用称量法标定 HCl）

| 记录项目 ＼ 次数 | | 1 | 2 | 3 |
|---|---|---|---|---|
| 0.1mol·L⁻¹HCl 溶液的标定 | $m(Na_2CO_3)/g$ | | | |
| | $V(HCl)/mL$ | | | |
| | $c(HCl)/mol·L^{-1}$ | | | |
| | 平均值 $c(HCl)/mol·L^{-1}$ | | | |
| | 相对偏差/% | | | |
| | 相对平均偏差/% | | | |
| 混合碱的分析 | 称取混合碱的质量/g | | | |
| | 吸取碱液的体积/mL | 25.00 | 25.00 | 25.00 |
| | 第一终点 $V_1/mL$ | | | |
| | 第二终点 $V_2/mL$ | | | |
| | $\omega(NaOH)/\%$ | | | |
| | $\overline{\omega}(NaOH)/\%$ | | | |
| | 相对偏差/% | | | |
| | 相对平均偏差/% | | | |
| | $\omega(Na_2CO_3)/\%$ | | | |
| | $\overline{\omega}(Na_2CO_3)/\%$ | | | |
| | 相对偏差/% | | | |
| | 相对平均偏差/% | | | |

注：计算公式

$$c(HCl) = \frac{2m(Na_2CO_3)}{V(HCl) \times 10^{-3} \times M(Na_2CO_3)} \quad (mol·L^{-1})$$

$$\omega(Na_2CO_3) = \frac{\frac{1}{2}c(HCl) \times 2V_2 \times 10^{-3} \times M(Na_2CO_3) \times \frac{250}{25}}{m} \times 100\%$$

$$\omega(NaOH) = \frac{c(HCl) \times (V_1 - V_2) \times 10^{-3} \times M(NaOH) \times \frac{250}{25}}{m} \times 100\%$$

# 思 考 题

1. 什么叫"双指示剂法"? 什么叫混合碱?

2. $Na_2CO_3$ 和 $NaHCO_3$ 的混合物能否用"双指示剂法"测定其含量? 测定结果的计算公式如何表示?

3. 本实验中为什么要把试样溶解制成 250mL 溶液后再吸取 25.00mL 进行滴定? 为什么不直接称取 $0.13 \sim 0.15g$ 进行测定?

# 实验二十　工业用水总硬度的测定

## 一、实验目的

1. 掌握 EDTA 溶液的配制及浓度的标定方法。
2. 了解水的硬度的表示方法。
3. 掌握配位滴定的基本原理和方法。
4. 掌握铬黑 T 指示剂的使用条件及终点变化。

## 二、实验原理

水的硬度是指水中钙盐和镁盐的含量。水硬度的测定分为水的总硬度和钙-镁硬度两种，前者是测定 $Ca^{2+}$、$Mg^{2+}$ 总量，后者则是分别测定 $Ca^{2+}$ 和 $Mg^{2+}$ 总量。本实验测定的是水的总硬度，以 $Ca^{2+}$、$Mg^{2+}$ 总量折算成 CaO 的量来衡量。

水的硬度主要用 EDTA 滴定法测定。在 pH$\approx$10 的氨性缓冲溶液中，用铬黑 T 作指示剂进行滴定，溶液由酒红色变蓝色即为终点。滴定时，$Fe^{3+}$、$Al^{3+}$ 等干扰离子用三乙醇胺及酒石酸钾钠掩蔽，少量 $Cu^{2+}$、$Pb^{2+}$、$Zn^{2+}$ 等则可用 KCN、$Na_2S$ 或巯基乙酸等掩蔽。

水硬度的表示方法有多种，随各国的习惯而有所不同。本书采用我国目前常用的表示方法，即德国硬度单位：以度（°）计，即 1L 水中含有 10mg CaO 称为 1°；有时也以 $mg \cdot L^{-1}$ 表示。所以水的总硬度可根据下式计算。

$$水的总硬度 = \frac{c(EDTA) \cdot V(EDTA) \cdot M(CaO) \times 1000}{V(水样)}$$

（以 $mg \cdot L^{-1}$ 为单位）

$$水的总硬度 = \frac{c(EDTA) \cdot V(EDTA) \cdot M(CaO) \times 100}{V(水样)}$$

[以度(°)为单位]

### 三、仪器和试剂

**仪器**

台秤,分析天平,烧杯,试剂瓶,称量瓶,滴定管(50mL),容量瓶(250mL),移液管(25mL),锥形瓶(250mL)

**试剂**

$Na_2H_2Y \cdot 2H_2O$(固),$CaCO_3$(固),$Zn$(固),$HCl$(1:1),$NH_3 \cdot H_2O$(1:1),$NH_3$-$NH_4Cl$缓冲溶液(pH=10),钙指示剂,二甲酚橙,铬黑T指示剂,六亚甲基四胺(20%),三乙醇胺(20%)

### 四、实验内容

1. $0.02mol \cdot L^{-1}$ EDTA 溶液的配制和标定

称取 8g $Na_2H_2Y \cdot 2H_2O$(乙二胺四乙酸二钠,也即 EDTA)置于 250mL 烧杯中,加水微热溶解后,稀释到 1L,转入试剂瓶中,摇匀。

标定的方法:标定 EDTA 溶液常用的基准物有 Zn、ZnO、$CaCO_3$、Cu、Pb、$MgSO_4 \cdot 7H_2O$ 等。通常选用其中与被测组分相同的物质作基准物,这样,滴定条件较一致,可减少误差。

(1)用 $CaCO_3$ 作基准物质

① $Ca^{2+}$ 标准溶液的配制($0.02mol \cdot L^{-1}$)。用减量法准确称取 $CaCO_3$ 0.5~0.6g 于 250mL 烧杯中,用 1:1 HCl 溶液加热溶解,待冷却后转入 250mL 容量瓶中,用水稀释至刻度,摇匀。

② EDTA 溶液的标定。用移液管移取 25.00mL 上述 $Ca^{2+}$ 标准溶液于 250mL 锥形瓶中,加入 70~80mL 水,5mL 20% NaOH 溶液,并加少量钙指示剂,用 EDTA 溶液滴定至溶液由酒红色恰变为纯蓝色,记下所消耗的 EDTA 溶液体积,计算 EDTA 溶液的准确浓度。

（2）用 Zn 作基准物质

① $Zn^{2+}$ 标准溶液的配制（$0.02mol \cdot L^{-1}$）。准确称取金属 Zn $0.3 \sim 0.4g$，置于 250mL 烧杯中，盖好表面皿，然后逐滴加入 10mL HCl 溶液（1:1），必要时可微热使之溶解完全。冷却后，吹洗表面皿及杯壁，定量转入 250mL 容量瓶中，加水稀释至刻度，摇匀。

② EDTA 溶液的标定。移取 25.00mL 上述 $Zn^{2+}$ 标准溶液，置于 250mL 锥形瓶中，加水约 30mL、二甲酚橙指示剂 1~2 滴，滴加 $NH_3 \cdot H_2O$ 溶液（1:1）至溶液由黄色刚变为橙色，然后滴加 20% 六亚甲基四胺溶液（用作缓冲剂，使溶液酸度稳定在 pH=5~6）至溶液呈稳定的紫红色后在多加 3mL，用 EDTA 溶液滴定至溶液由紫红色恰变为亮黄色，即为终点。根据滴定用去的EDTA 溶液的体积和 $Zn^{2+}$ 溶液的浓度，计算 EDTA 溶液的准确浓度。

2. 水样总硬度的测定

吸取水样 50mL 于 250mL 锥形瓶中，加入 3mL 20% 三乙醇胺溶液，摇匀后再加入 pH=10 的 $NH_3$-$NH_4Cl$ 缓冲溶液 5mL 及少许铬黑 T 指示剂，摇匀，用 EDTA 标准溶液滴定至溶液由酒红色变纯蓝色，即为终点。根据 EDTA 溶液的用量计算水样的硬度。计算结果时，把 Ca、Mg 总量折算成 CaO（以度计）。平行测定三份。

**五、数据记录与处理**（注：本实验以 $CaCO_3$ 作基准物质来标定 EDTA）

| 记录项目 | | 次数 | 1 | 2 | 3 |
|---|---|---|---|---|---|
| $0.02mol \cdot L^{-1}$ EDTA 标准溶液的标定 | $m(CaCO_3)/g$ | | | | |
| | $c(Ca^{2+})/mol \cdot L^{-1}$ | | | | |
| | $V(EDTA)/mL$ | | | | |
| | $c(EDTA)/mol \cdot L^{-1}$ | | | | |
| | 平均值 $c(EDTA)/mol \cdot L^{-1}$ | | | | |
| | 相对偏差/% | | | | |
| | 相对平均偏差/% | | | | |

| 记录项目 | | 次数 | 1 | 2 | 3 |
|---|---|---|---|---|---|
| 工业用水总硬度的分析 | 吸取工业用水的体积 $V$(水样)/mL | | 25.00 | 25.00 | 25.00 |
| | $V$(EDTA)/mL | | | | |
| | 水样总硬度/mg·L$^{-1}$ | | | | |
| | 总硬度的平均值/mg·L$^{-1}$ | | | | |
| | 相对偏差/% | | | | |
| | 相对平均偏差/% | | | | |

注：计算公式

$$c(\text{EDTA}) = \frac{25 \times m(\text{CaCO}_3)}{250 \times V(\text{EDTA}) \times 10^{-3} \times M(\text{CaCO}_3)} \quad (\text{mol·L}^{-1})$$

## 思 考 题

1. $Ca^{2+}$、$Mg^{2+}$ 与 EDTA 配位哪个更稳定？为什么？测定时为什么要将 pH 控制在 10？

2. 本实验为何采用铬黑 T 指示剂？能否用二甲酚橙指示剂？为什么？

3. 水中若有 $Fe^{3+}$、$Al^{3+}$ 等离子，为何干扰测定？应如何消除？

# 实验二十一　胃舒平药片中铝和镁的测定

## 一、实验目的

1. 学习药剂测定的前处理方法。
2. 掌握反滴定法的原理和方法。
3. 掌握沉淀分离的操作方法。

## 二、实验原理

胃舒平药片是一种中和胃酸的胃药，主要用于胃酸过多和十二指肠溃疡，其主要成分为氢氧化铝、三硅酸镁（$Mg_2Si_3O_8 \cdot 5H_2O$）及少量中药颠茄流浸膏，在制成片剂时还加了大量糊精等赋形剂。

药片中 Al 和 Mg 的含量可用 EDTA 配位滴定法测定。由于 $Al^{3+}$ 易形成一系列多核羟基配合物，这些多核羟基配合物与 EDTA 配合缓慢，故通常采用返滴定法测定铝。为此先用酸溶解样品，分离除去不溶物质，加入定量且过量的 EDTA 溶液，调节 pH 至 4 左右，煮沸使 EDTA 与 $Al^{3+}$ 配位完全，在 pH＝5～6 时，以二甲酚橙为指示剂，用 $Zn^{2+}$ 标准溶液返滴过量的 EDTA，测出铝含量。

镁含量的测定采用直接滴定法。另取试液，调节 pH 将 $Al^{3+}$ 沉淀分离后，在 pH 为 10 的条件下以铬黑 T 作指示剂，用 EDTA 标准溶液滴定滤液中的镁。

## 三、仪器和试剂

**仪器**

研钵，容量瓶（250mL），锥形瓶（250mL），滴定管（50mL）

**试剂**

胃舒平（固体），HCl（1∶1），EDTA（0.02mol·L$^{-1}$），NH$_3$·H$_2$O（1∶1），Zn$^{2+}$标准溶液（0.02mol·L$^{-1}$），六亚甲基四胺（20%），三乙醇胺（1∶1），NH$_3$-NH$_4$Cl缓冲溶液（pH=10），二甲酚橙，甲基红，铬黑 T

**四、实验内容**

**1. 样品处理**

称取胃舒平药片 10 片，研细后，从中称出药粉 2g 左右，加入 20mL HCl 溶液（1∶1），加蒸馏水 100mL，煮沸。冷却后过滤，并以水洗涤沉淀，收集滤液及洗涤液于 250mL 容量瓶中，稀释至刻度，摇匀。

**2. 铝的测定**

准确吸取上述试液 5mL 加水至 25mL。准确加入 25.00mL 0.02mol·L$^{-1}$ EDTA 标准溶液（配制标定方法见实验五），2 滴二甲酚橙指示剂，滴加 NH$_3$·H$_2$O 溶液（1∶1）至溶液出现紫红色，再滴加 2 滴 HCl 溶液（1∶1），将溶液煮沸 3min，冷却后加入 10mL 20% 六亚甲基四胺溶液，再补加 2 滴二甲酚橙指示剂，以 Zn$^{2+}$ 标准溶液滴定至溶液由黄色转变为红色，即为终点。根据 EDTA 加入量与 Zn$^{2+}$ 标准溶液滴定体积，计算每片药片中铝的含量 [以 Al(OH)$_3$ 表示，g·片$^{-1}$]。

**3. 镁的测定**

吸取试液 25.00mL 于 250mL 锥形瓶中，加 1 滴甲基红指示剂，滴加 NH$_3$·H$_2$O（1∶1）溶液使溶液由红色变为黄色，再继续煮沸 5min，趁热过滤，滤渣用热水洗涤。滤液冷却后，加入 10mL 三乙醇胺溶液（1∶1）、10mL NH$_3$·H$_2$O-NH$_4$Cl 缓冲溶液，再加入少许铬黑 T 指示剂，用 EDTA 标准溶液滴定至试液由暗红色转变为纯蓝色，即为终点。计算每片药片中镁的含量（以 MgO 表示，g·片$^{-1}$）。

## 五、实验记录与数据处理

| 记录项目 | | 次数 1 | 2 | 3 |
|---|---|---|---|---|
| $c(EDTA)/mol \cdot L^{-1}$ | | | | |
| $c(Zn^{2+})/mol \cdot L^{-1}$ | | | | |
| 铝的测定 | 试液体积/mL | 5.00 | 5.00 | 5.00 |
| | $V(EDTA)/mL$ | 25.00 | 25.00 | 25.00 |
| | $V(Zn^{2+})/mL$ | | | |
| | $Al(OH)_3$ 的含量/g·片$^{-1}$ | | | |
| | $Al(OH)_3$ 含量的平均值/g·片$^{-1}$ | | | |
| | 相对偏差/% | | | |
| | 相对平均偏差/% | | | |
| 镁的测定 | 试液体积/mL | 25.00 | 25.00 | 25.00 |
| | $V(EDTA)/mL$ | | | |
| | $MgO$ 的含量 /g·片$^{-1}$ | | | |
| | $MgO$ 含量的平均值/g·片$^{-1}$ | | | |
| | 相对偏差/% | | | |
| | 相对平均偏差/% | | | |

注：计算公式

$$\rho[Al(OH)_3] = \frac{[c(EDTA) \times 25 \times 10^{-3} - c(Zn^{2+}) \cdot V(Zn^{2+})] \times M[Al(OH)_3] \times \frac{250}{5}}{10} \quad (g \cdot 片^{-1})$$

$$\rho(MgO) = \frac{c(EDTA) \cdot V(EDTA) \cdot M(MgO) \times \frac{250}{25}}{10} \quad (g \cdot 片^{-1})$$

## 思 考 题

1. 测定铝含量时为什么不采用直接滴定法？

2. 在分离 $Al^{3+}$ 后的滤液中测定 $Mg^{2+}$，为什么要加入三乙醇胺溶液？

# 实验二十二　过氧化氢含量的测定

## 一、实验目的

1. 了解高锰酸钾标准溶液的配制方法和保存条件。

2. 掌握以 $Na_2C_2O_4$ 为基准物标定高锰酸钾溶液浓度的方法原理及滴定条件。

3. 掌握用高锰酸钾法测定过氧化氢含量的原理和方法，了解自催化反应。

## 二、实验原理

过氧化氢在工业、生物、医药等方面应用很广泛。利用 $H_2O_2$ 的氧化性漂白毛、丝织物；医药上常用它来消毒和杀菌；纯 $H_2O_2$ 用作火箭燃料的氧化剂；工业上利用 $H_2O_2$ 的还原性除去氯气。由于过氧化氢有着广泛的应用，常需要测定它的含量。

过氧化氢的含量可用高锰酸钾法测定。在酸性溶液中 $H_2O_2$ 很容易被 $KMnO_4$ 氧化而生成游离的氧和水，其反应式如下。

$$5H_2O_2 + 2MnO_4^- + 6H^+ \longrightarrow 2Mn^{2+} + 8H_2O + 5O_2 \uparrow$$

开始反应时速率较慢，滴入第一滴 $KMnO_4$ 溶液时溶液不容易褪色，待生成 $Mn^{2+}$ 之后，由于 $Mn^{2+}$ 的催化，加快了反应速率，故能一直顺利地滴定到终点。可根据 $KMnO_4$ 标准溶液的用量计算样品中 $H_2O_2$ 的含量。

## 三、仪器和试剂

**仪器**

台秤，分析天平，称量瓶，表面皿，试剂瓶（棕色），玻璃砂芯漏斗，烧杯（250mL），移液管（1mL、25mL），容量瓶（250mL），锥形瓶（250mL），滴定管（50mL）

**试剂**

KMnO$_4$（固），Na$_2$C$_2$O$_4$（固，烘干），H$_2$SO$_4$（2mol·L$^{-1}$），H$_2$O$_2$（30％）

**四、实验内容**

1. 0.02mol·L$^{-1}$ KMnO$_4$溶液的配制

市售的 KMnO$_4$ 常含有少量杂质，且 KMnO$_4$ 是强氧化剂，易与水中的有机物、空气中的尘埃以及氨等还原性物质作用；KMnO$_4$ 又能自行分解，其分解反应如下。

$$4KMnO_4 + 2H_2O \longrightarrow 4MnO_2 + 4KOH + 3O_2\uparrow$$

分解速率随溶液的 pH 而变化。在中性溶液中分解很慢，但 Mn$^{2+}$ 和 MnO$_2$ 能加速 KMnO$_4$ 的分解，见光则分解更快。由此可知，KMnO$_4$ 溶液的浓度容易改变，必须正确地配制和保存。

用台秤称取 3.3g KMnO$_4$ 溶于 1L 水中，盖上表面皿，加热煮沸 1h，煮时要及时补充水。静置一周后，用 G$_4$ 号玻璃砂芯漏斗过滤，保存于棕色瓶中待标定。

2. KMnO$_4$溶液的标定

标定 KMnO$_4$ 溶液的基准物质相当多，如 Na$_2$C$_2$O$_4$、H$_2$C$_2$O$_4$·2H$_2$O、As$_2$O$_3$ 和纯铁丝等。其中 Na$_2$C$_2$O$_4$ 不含结晶水，容易精制，最为常用。在 H$_2$SO$_4$ 溶液中，MnO$_4^-$ 与 C$_2$O$_4^{2-}$ 的反应如下。

$$2MnO_4^- + 5C_2O_4^{2-} + 16H^+ \longrightarrow 2Mn^{2+} + 10CO_2\uparrow + 8H_2O$$

标定时，用减量法准确称取 0.15～0.20g Na$_2$C$_2$O$_4$（称量前于 105～110℃烘 2h）三份，分别置于 250mL 烧杯中，各加入 20mL 蒸馏水溶解，加热近沸，加入 15mL 2mol·L$^{-1}$ H$_2$SO$_4$，此时溶液温度在 70～85℃之间，立即用上述 KMnO$_4$ 溶液滴定。开始时 KMnO$_4$ 溶液加入后褪色很慢，待前一滴溶液褪色后再加入第二滴。待溶液中有 Mn$^{2+}$ 产生后，反应速率加快，滴定速度也可适当加快，但也决不可使 KMnO$_4$ 溶液连续流下。当接近计量点时，反应亦较慢，应减慢滴定速度，同时充分摇匀，以防超过终点。滴定时应始终保持溶液的温度不低于 60℃，最后滴加半滴 KMnO₄ 溶液，在摇匀后 30s 内仍不褪色即为终点，记下所消耗的 KMnO₄ 溶液体积，计算 KMnO₄ 溶液的准确浓度。

3. 样品的测定

用移液管吸取市售过氧化氢样品（质量分数约 30%）1.00mL，置于 250mL 容量瓶中，加水稀释至标线，充分混合均匀。再吸取稀释液 25.00mL，置于 250mL 锥形瓶中，加水 20～30mL 和 $H_2SO_4$ 20mL，用 KMnO₄ 标准溶液滴定至溶液呈粉红色经 30s 不褪色，即为终点。平行测定 3 次，根据 KMnO₄ 标准溶液用量，计算过氧化氢未经稀释的样品中 $H_2O_2$ 的质量浓度（用 $mg \cdot L^{-1}$ 表示）。

### 五、数据记录与处理

| 记录项目 | 次数 | 1 | 2 | 3 |
|---|---|---|---|---|
| 0.02mol·L⁻¹ KMnO₄ 溶液的标定 | $m(Na_2C_2O_4)/g$ | | | |
| | $V(KMnO_4)/mL$ | | | |
| | $c(KMnO_4)/mol \cdot L^{-1}$ | | | |
| | 平均值 $c(KMnO_4)/mol \cdot L^{-1}$ | | | |
| | 相对偏差/% | | | |
| | 相对平均偏差/% | | | |
| $H_2O_2$ 含量的测定 | 稀释后 $H_2O_2$ 的体积/mL | 25.00 | 25.00 | 25.00 |
| | $V(KMnO_4)/mL$ | | | |
| | $\rho(H_2O_2)/mg \cdot L^{-1}$ | | | |

注：计算公式

$$\rho(H_2O_2) = \frac{\frac{5}{2} \times c(KMnO_4) \cdot V(KMnO_4) \cdot M(H_2O_2)}{1 \times \frac{25}{250}} \times 1000 \quad (mg \cdot L^{-1})$$

# 思 考 题

1. 用 $Na_2C_2O_4$ 标定 KMnO₄ 溶液浓度时，溶液的温度过高或过低有什么影响?

2. 标定 $KMnO_4$ 溶液时，为什么第一滴 $KMnO_4$ 溶液加入后红色褪去很慢，以后褪色较快?

3. 用 $KMnO_4$ 法测定 $H_2O_2$ 含量时，为什么不能用 $HNO_3$ 或 $HCl$ 来控制溶液的酸度?

# 实验二十三　次氯酸钠中有效氯的测定

## 一、实验目的

1. 了解硫代硫酸钠标准溶液的配制和保存方法。

2. 掌握碘量法的测定原理。

3. 掌握用硫代硫酸钠标准溶液测定次氯酸钠中有效氯含量的原理和方法。

## 二、实验原理

次氯酸钠中有效氯含量可用间接碘法测定,在一定条件下用 $I^-$ 还原,定量析出的 $I_2$ 再用硫代硫酸钠标准溶液在中性或弱酸性溶液中进行滴定,以淀粉作指示剂,其反应式如下。

$$NaOCl + 2KI + H_2O \longrightarrow NaCl + I_2 + 2KOH$$

$$I_2 + 2Na_2S_2O_3 \longrightarrow 2NaI + Na_2S_4O_6$$

根据硫代硫酸钠标准溶液的用量计算次氯酸钠中有效氯的含量(以质量浓度 $g \cdot L^{-1}$ 表示)。

## 三、仪器和试剂

**仪器**

台秤,试剂瓶(棕色),表面皿,干燥器,容量瓶(250mL),锥形瓶(250mL),移液管(5mL、25mL),滴定管(50mL)

**试剂**

$Na_2S_2O_3 \cdot 5H_2O$(固),$Na_2CO_3$(固),$K_2Cr_2O_7$(固),KI(固、10%),HCl(3mol $\cdot L^{-1}$),HAc(6mol $\cdot L^{-1}$),NaClO 溶液,淀粉(0.5%)

#### 四、实验内容

1. $0.05mol \cdot L^{-1}$ $Na_2S_2O_3$ 标准溶液的配制和标定

配制：将 12.5g $Na_2S_2O_3 \cdot 5H_2O$ 溶解在 1000mL 新煮沸冷却后的水中，加入 0.1g $Na_2CO_3$，储于棕色瓶中并摇匀，保存于暗处一周后标定使用。

标定：标定 $Na_2S_2O_3$ 溶液的基准物有 $KBrO_3$、$KIO_3$、$K_2Cr_2O_7$、$KMnO_4$ 等。而以 $K_2Cr_2O_7$ 最为方便，结果也相当准确，因此本实验用它来标定 $Na_2S_2O_3$ 溶液。$K_2Cr_2O_7$ 先与 KI 反应析出 $I_2$。

$$Cr_2O_7^{2-} + 6I^- + 14H^+ \longrightarrow 2Cr^{3+} + 3I_2 + 7H_2O$$

析出的 $I_2$ 再用标准 $Na_2S_2O_3$ 溶液滴定。

$$I_2 + 2S_2O_3^{2-} \longrightarrow S_4O_6^{2-} + 6I^-$$

将 $K_2Cr_2O_7$ 在 150～180℃烘干 2h，放入干燥器中冷却至室温。准确称取 0.6～0.65g 于 250mL 烧杯中，加蒸馏水溶解后定量转入 250mL 容量瓶中，用水稀释至刻度充分摇匀。

用 25mL 移液管吸取该重铬酸钾标准溶液三份，分别置于 250mL 锥形瓶中，各加入 5mL $3mol \cdot L^{-1}$ HCl 溶液、1g KI 固体，摇匀后盖上表面皿以防止 $I_2$ 因挥发而损失。在暗处放置约 5min，待反应完全，用 50mL 水稀释。用硫代硫酸钠溶液滴定至溶液由棕色到绿黄色，加入 2mL 0.5％淀粉指示剂，继续滴定至溶液由蓝色至亮绿色即为终点。根据消耗的硫代硫酸钠溶液的毫升数计算其浓度。

2. 次氯酸钠中有效氯的测定

用移液管准确移取次氯酸钠溶液 5mL，放入 250mL 锥形瓶中，加 50mL 蒸馏水、10mL 10％碘化钾溶液、10mL $6mol \cdot L^{-1}$ HAc 溶液，摇匀，置于暗处 5min。用 $Na_2S_2O_3$ 标准溶液滴定至微黄色，加入 0.5％淀粉溶液 2mL，溶液呈蓝色，继续滴定至蓝色消失并在 30s 内不再出现蓝色即为终点。记录耗用的 $Na_2S_2O_3$ 标准溶液的体积，平行标定 3 次，取其平均值。根据

$Na_2S_2O_3$ 标准溶液的用量计算次氯酸钠中有效氯的含量。

## 五、数据记录与处理

| 记录项目 | 次数 | 1 | 2 | 3 |
|---|---|---|---|---|
| 0.05mol·L$^{-1}$ $Na_2S_2O_3$ 溶液的标定 | $m(K_2Cr_2O_7)/g$ | | | |
| | $V(Na_2S_2O_3)/mL$ | | | |
| | $c(Na_2S_2O_3)/mol·L^{-1}$ | | | |
| | 平均值 $c(Na_2S_2O_3)/mol·L^{-1}$ | | | |
| | 相对偏差/% | | | |
| | 相对平均偏差/% | | | |
| 有效氯含量的测定 | 吸取次氯酸钠溶液的体积/mL | 5.00 | 5.00 | 5.00 |
| | $V(Na_2S_2O_3)/mL$ | | | |
| | 有效氯的质量浓度/g·L$^{-1}$ | | | |
| | 有效氯的质量浓度的平均值/g·L$^{-1}$ | | | |
| | 相对偏差/% | | | |
| | 相对平均偏差/% | | | |

注：计算公式

$$c(Na_2S_2O_3) = \frac{6m(K_2Cr_2O_7)}{V(Na_2S_2O_3) \times 10^{-3} \times M(K_2Cr_2O_7)} \quad (mol·L^{-1})$$

$$\rho(Cl) = \frac{\frac{1}{2} \times c(Na_2S_2O_3) · V(Na_2S_2O_3) · M(Cl)}{5} \quad (g·L^{-1})$$

# 思 考 题

1. 什么叫间接碘法？

2. 为什么在用硫代硫酸钠标准溶液滴定 $I_2$ 时要在中性或弱酸性溶液中进行？

3. 为何 $Na_2S_2O_3$ 不能直接用于配制标准溶液？配制后为何要放置数日后，才能进行标定？为什么要用刚煮沸放冷的蒸馏水配制？为什么要在配制的 $Na_2S_2O_3$ 溶液中加入少量的 $Na_2CO_3$？

# 实验二十四 葡萄糖含量的测定（碘量法）

## 一、实验目的

1. 学习 $I_2$ 溶液的配制和标定方法。

2. 熟悉碘量法测定葡萄糖含量的方法。

## 二、实验原理

碘与 NaOH 作用可生成次碘酸钠（NaIO），葡萄糖（$C_6H_{12}O_6$）能定量地被次碘酸钠氧化成葡萄糖酸（$C_6H_{12}O_7$）。在酸性条件下，未与葡萄糖作用的次碘酸钠可转变成碘（$I_2$）析出，因此只要用 $Na_2S_2O_3$ 标准溶液滴定析出的 $I_2$，便可计算出 $C_6H_{12}O_6$ 的含量。其反应如下。

（1）$I_2$ 与 NaOH 作用

$$I_2 + 2NaOH \longrightarrow NaIO + NaI + H_2O$$

（2）$C_6H_{12}O_6$ 和 NaIO 定量作用

$$C_6H_{12}O_6 + NaIO \longrightarrow C_6H_{12}O_7 + NaI$$

（3）总反应式

$$I_2 + C_6H_{12}O_6 + 2NaOH \longrightarrow C_6H_{12}O_7 + 2NaI + H_2O$$

（4）$C_6H_{12}O_6$ 作用完后，剩下未作用的 NaIO 在碱性条件下发生歧化反应

$$3NaIO \longrightarrow NaIO_3 + 2NaI$$

（5）歧化产物在酸性条件下进一步作用生成 $I_2$

$$NaIO_3 + 5NaI + 6HCl \longrightarrow 3I_2 + 6NaCl + 3H_2O$$

（6）析出的 $I_2$ 可用标准 $Na_2S_2O_3$ 溶液滴定

$$I_2 + 2Na_2S_2O_3 \longrightarrow Na_2S_4O_6 + 2NaI$$

由以上反应可以看出一分子葡萄糖与一分子 NaIO 作用，而

一分子 $I_2$ 产生一分子 NaIO，也就是一分子葡萄糖与一分子 $I_2$ 相当。因此，葡萄糖与 $Na_2S_2O_3$ 之间的反应的化学计量比为 1：2，以此计算葡萄糖的含量。本法可作为葡萄糖注射液中葡萄糖含量的测定。

### 三、仪器和试剂

**仪器**

锥形瓶（250mL），移液管（2.5mL、25mL），表面皿，滴定管（50mL）

**试剂**

HCl（2mol·$L^{-1}$），NaOH（0.2mol·$L^{-1}$），$Na_2S_2O_3$ 标准溶液（0.05mol·$L^{-1}$），$I_2$ 溶液（0.05mol·$L^{-1}$。称取 3.2g $I_2$ 于小烧杯中，加 6g KI，先用约 30mL 水溶解，待 $I_2$ 完全溶解后，稀释至 250mL，摇匀。储于棕色瓶中，放置暗处），淀粉溶液（0.5%），葡萄糖注射液（5%）

### 四、实验内容

1. $I_2$ 溶液的标定

移取 25.00mL $I_2$ 溶液于 250mL 锥形瓶中，加 100mL 水稀释，用已标定好的 $Na_2S_2O_3$ 标准溶液（配制和标定方法见实验八）滴定至草黄色，加入 2mL 淀粉溶液，继续滴定至蓝色刚好消失，即为终点。计算出 $I_2$ 溶液的准确浓度。

2. 葡萄糖（$C_6H_{12}O_6·H_2O$，$M=198.2g·mol^{-1}$）含量的测定

用移液管准确移取 2.5mL 5% 葡萄糖注射液定容至 250.0mL 容量瓶中，摇匀后移取 25.00mL 于锥形瓶中，准确加入 $I_2$ 标准溶液 25.00mL，慢慢滴加 0.2mol·$L^{-1}$ NaOH，边加边摇，直至溶液呈淡黄色（加碱的速度不能过快，否则生成的 NaIO 来不及氧化葡萄糖，使测定结果偏低）。将锥形瓶用小表面皿盖好，放置 10~15min，加 6mL 2mol·$L^{-1}$ HCl 使成酸性，立即用 $Na_2S_2O_3$ 溶液滴定，至溶液呈浅黄色时，加入淀粉溶液

3mL，继续滴至蓝色消失，即为终点，记下滴定读数。重复滴定一次，计算注射液中葡萄糖的含量（单位为 $g \cdot L^{-1}$）。

## 五、数据记录与处理

| 记录项目 | 次数 | 1 | 2 | 3 |
|---|---|---|---|---|
| 0.05mol·$L^{-1}$ $I_2$ 溶液的标定 | $c(\mathrm{Na_2S_2O_3})/\mathrm{mol} \cdot L^{-1}$ | | | |
| | $V(\mathrm{Na_2S_2O_3})/\mathrm{mL}$ | | | |
| | $c(\mathrm{I_2})/\mathrm{mol} \cdot L^{-1}$ | | | |
| | 平均值 $c(\mathrm{I_2})/\mathrm{mol} \cdot L^{-1}$ | | | |
| | 相对偏差/% | | | |
| | 相对平均偏差/% | | | |
| 葡萄糖含量的测定 | 吸取葡萄糖稀释液/mL | 25.00 | 25.00 | 25.00 |
| | $V(\mathrm{Na_2S_2O_3})/\mathrm{mL}$ | | | |
| | 葡萄糖含量/g·$L^{-1}$ | | | |
| | 葡萄糖含量的平均值/g·$L^{-1}$ | | | |
| | 相对偏差/% | | | |
| | 相对平均偏差/% | | | |

注：计算公式

$$c(\mathrm{I_2}) = \frac{c(\mathrm{Na_2S_2O_3}) \cdot V(\mathrm{Na_2S_2O_3})}{2V(\mathrm{I_2})} \quad (\mathrm{mol} \cdot L^{-1})$$

$$\mathrm{C_6H_{12}O_6} \ 含量 = \frac{\left[c(\mathrm{I_2}) \cdot V(\mathrm{I_2}) - \frac{1}{2}c(\mathrm{Na_2S_2O_3}) \cdot V(\mathrm{Na_2S_2O_3})\right] \times M(\mathrm{C_6H_{12}O_6})}{25.00}$$

$$\times \frac{250}{2.5} \quad (g \cdot L^{-1})$$

## 思 考 题

1. 配制 $I_2$ 溶液时为何要加入过量的 KI？为何要先用少量水溶解后再稀释至所需体积？

2. 碘量法主要误差有哪些？如何避免？

# 实验二十五　邻二氮菲分光光度法测定微量铁

## 一、实验目的

1. 掌握邻二氮菲分光光度法测定铁的原理和方法。

2. 熟悉绘制吸收曲线的方法，正确选择测定波长。

3. 学会制作标准曲线的方法。

4. 通过邻二氮菲分光光度法测定微量铁，掌握 722 型分光光度计的正确使用方法，并了解此仪器的主要构造。

## 二、实验原理

邻二氮菲（又称邻菲罗啉）与 $Fe^{2+}$ 在 pH＝2.0～9.0 溶液中形成稳定的橙红色配合物，其反应方程式为

$Fe^{3+}$ 与邻二氮菲作用则形成蓝色配合物，稳定性较差，因此在实际应用中常加入还原剂使 $Fe^{3+}$ 还原为 $Fe^{2+}$，与显色剂邻二氮菲作用。常用的还原剂是盐酸羟胺（$NH_2OH \cdot HCl$），反应方程式为

$$2Fe^{3+} + 2NH_2OH \cdot HCl \longrightarrow 2Fe^{2+} + N_2 \uparrow + 2H_2O + 4H^+ + 2Cl^-$$

测定时，酸度高，反应进行较慢；酸度太低，则 $Fe^{2+}$ 易水解。本实验采用 pH＝5.0～6.0 的 HAc-NaAc 缓冲溶液，可使显色反应进行完全。

$Bi^{3+}$、$Cd^{2+}$、$Hg^{2+}$、$Zn^{2+}$ 及 $Ag^+$ 等离子也能与邻二氮菲

作用生成稳定配合物，在量少情况下，不影响 $Fe^{2+}$ 的测定，量大时可用 EDTA 掩蔽或预先分离。本法测定铁的选择性虽然较高，但选择试样时仍应注意上述离子的影响。

### 三、仪器和试剂

**仪器**

722 型分光光度计，容量瓶（50mL），移液管，吸量管

**试剂**

铁标准储备溶液　$100\mu g \cdot mL^{-1}$ ［准确称取 0.8634g 铁盐 $NH_4Fe(SO_4)_2 \cdot 12H_2O$，置于烧杯中，加入 20mL $6mol \cdot L^{-1}$ HCl 和少量水，溶解后，定量转移入 1L 容量瓶中，加水稀释至刻度，摇匀。］

铁标准使用溶液　$10\mu g \cdot mL^{-1}$（用移液管移取上述铁标准储备溶液 10.0mL 置于 100mL 容量瓶中，加 2.0mL $6mol \cdot L^{-1}$ HCl，然后加水稀释至刻度，摇匀。）

盐酸羟胺溶液　10％（新鲜配制）

邻二氮菲溶液　0.1％（新鲜配制）

HAc-NaAc 缓冲溶液（pH≈5.0）（称取 136g NaAc，加水使之溶解，再加入 120mL 冰醋酸，加水稀释至 500mL。）

### 四、实验内容

1. 吸收曲线的绘制

用吸量管吸取铁标准溶液（$10\mu g \cdot mL^{-1}$）0.0mL 和 4.0mL 分别放入两个 50mL 容量瓶中，加入 1mL 10％盐酸羟胺溶液、2.0mL 0.1％邻二氮菲溶液和 5mL HAc-NaAc 缓冲溶液，加水稀释至刻度，充分摇匀。放置 5min，用 3cm 比色皿，以试剂空白溶液为参比液（即在 0.0mL 铁标准溶液中，加入相同试剂），于 722 型分光光度计中，在 450～560nm 波长范围内每隔 10nm 测量一次吸光度。然后以波长为横坐标，所测 $A$ 值为纵坐标，绘制吸收曲线，并找出最大吸收峰的波长，以 $\lambda_{max}$ 表示。

2. 标准曲线的绘制

用吸量管分别移取铁标准溶液（10μg · mL⁻¹）0.0mL、2.0mL、4.0mL、6.0mL、8.0mL、10.0mL 依次放入 6 只 50mL 容量瓶中，分别加入 1mL 10%盐酸羟胺溶液，稍摇动，再加入 2.0mL 0.1%邻二氮菲溶液及 5mL HAc-NaAc 缓冲溶液，加水稀释至刻度，充分摇匀。放置 5min 后，用 3cm 比色皿，仍以不加铁标准溶液的试液为参比液，选择 $\lambda_{max}$ 为测定波长，依次测 $A$ 值。以铁的质量浓度（μg · mL⁻¹）为横坐标，$A$ 值为纵坐标，绘制标准曲线。

3. 试样中铁含量的测定

取 3 只 50mL 容量瓶，分别加入 5.00mL（或 10.00mL，铁含量以在标准曲线范围内为宜）未知试样溶液，按实验步骤 2 的方法显色后，在 $\lambda_{max}$ 处，用 3cm 比色皿，以不加铁的空白试剂为参比液，平行测定 $A$ 值。求出 $A$ 的平均值，在标准曲线上查出铁的质量，计算水样中铁的质量浓度（μg · mL⁻¹）。

**五、数据记录与处理**

1. 吸收曲线

| 波长 λ/nm | 450 | 460 | 470 | 480 | 490 | 500 |
|---|---|---|---|---|---|---|
| 吸光度 A |  |  |  |  |  |  |
| 波长 λ/nm | 510 | 520 | 530 | 540 | 550 | 560 |
| 吸光度 A |  |  |  |  |  |  |

2. 标准曲线

| 容量瓶编号 | 1# | 2# | 3# | 4# | 5# | 6# |
|---|---|---|---|---|---|---|
| V(铁标液)/mL | 0.00 | 2.00 | 4.00 | 6.00 | 8.00 | 10.00 |
| 铁的质量浓度/μg · mL⁻¹ |  |  |  |  |  |  |
| 吸光度 A |  |  |  |  |  |  |

### 3. 铁含量的测定

| 容量瓶编号 | 1# | 2# | 3# |
|---|---|---|---|
| $V$(试样)/mL | 5.00 | 5.00 | 5.00 |
| 吸光度 $A$ | | | |
| $A$ 的平均值 | | | |
| 水样中铁的质量浓度/$\mu g \cdot mL^{-1}$ | | | |

# 思 考 题

1. 邻二氮菲分光光度法测定微量铁时为何要加入盐酸羟胺溶液？
2. 吸收曲线与标准曲线有何区别？在实际应用中有何意义？
3. 透射比 $T$ 与吸光度 $A$ 两者关系如何？

# 附　　录

## 一、水的饱和蒸气压

| $t/℃$ | $p/Pa$ | $t/℃$ | $p/Pa$ | $t/℃$ | $p/Pa$ | $t/℃$ | $p/Pa$ |
|---|---|---|---|---|---|---|---|
| 0 | 610.5 | 14 | 1598.1 | 28 | 3779.6 | 42 | 8199.3 |
| 1 | 656.8 | 15 | 1704.9 | 29 | 4005.4 | 43 | 8639.3 |
| 2 | 705.8 | 16 | 1817.7 | 30 | 4242.8 | 44 | 9100.6 |
| 3 | 757.9 | 17 | 1937.2 | 31 | 4492.3 | 45 | 9583.2 |
| 4 | 813.4 | 18 | 2063.4 | 32 | 4754.7 | 46 | 10086 |
| 5 | 872.3 | 19 | 2196.8 | 33 | 5030.1 | 47 | 10612 |
| 6 | 935.0 | 20 | 2337.8 | 34 | 5319.2 | 48 | 11160 |
| 7 | 1001.6 | 21 | 2486.5 | 35 | 5622.9 | 49 | 11735 |
| 8 | 1072.6 | 22 | 2643.4 | 36 | 5941.2 | 50 | 12334 |
| 9 | 1147.8 | 23 | 2808.8 | 37 | 6275.1 | 60 | 19916 |
| 10 | 1227.8 | 24 | 2983.4 | 38 | 6625.1 | 70 | 31157 |
| 11 | 1312.4 | 25 | 3167.2 | 39 | 6991.7 | 80 | 47343 |
| 12 | 1402.3 | 26 | 3360.9 | 40 | 7375.9 | 90 | 70096 |
| 13 | 1497.3 | 27 | 3564.9 | 41 | 7778.0 | 100 | 101325 |

## 二、几种液体的黏度

kPa · s

| 温度/℃ | 水 | 苯 | 乙醇 | 氯仿 |
|---|---|---|---|---|
| 0 | 1.187 | 0.912 | 1.785 | 0.699 |
| 10 | 1.307 | 0.758 | 1.451 | 0.625 |
| 15 | 1.139 | 0.698 | 1.345 | 0.597 |
| 16 | 1.109 | 0.685 | 1.320 | 0.591 |
| 17 | 1.081 | 0.677 | 1.290 | 0.586 |
| 18 | 1.053 | 0.666 | 1.265 | 0.580 |
| 19 | 1.027 | 0.656 | 1.238 | 0.574 |
| 20 | 1.002 | 0.647 | 1.216 | 0.568 |
| 21 | 0.9779 | 0.638 | 1.188 | 0.562 |
| 22 | 0.9548 | 0.629 | 1.186 | 0.556 |
| 23 | 0.9325 | 0.621 | 1.143 | 0.551 |
| 24 | 0.9111 | 0.611 | 1.123 | 0.545 |
| 25 | 0.8904 | 0.601 | 1.103 | 0.540 |
| 30 | 0.7975 | 0.566 | 0.991 | 0.514 |
| 40 | 0.6529 | 0.482 | 0.823 | 0.464 |
| 50 | 0.5468 | 0.436 | 0.701 | 0.424 |
| 60 | 0.4665 | 0.395 | 0.591 | 0.389 |

### 三、部分缓冲溶液酸、碱存在形态及其控制的 pH 范围

| 缓冲溶液<br>名称 | 酸的存在<br>形态 | 碱的存在<br>形态 | $pK_a^{\ominus}$ | 可控制的<br>pH 范围 |
|---|---|---|---|---|
| 氨基乙酸-HCl | $^+NH_3CH_2COOH$ | $^+NH_3CH_2COO^-$ | 2.35 $(pK_{a1}^{\ominus})$ | 1.4～3.4 |
| 一氯乙酸-NaOH | $CH_2ClCOOH$ | $CH_2ClCOO^-$ | 2.86 | 1.9～3.9 |
| 邻苯二甲酸氢钾-HCl | ⬡—COOH<br>　—COOH | ⬡—COO⁻<br>　—COOH | 2.95<br>$(pK_{a1}^{\ominus})$ | 2.0～4.0 |
| 甲酸-NaOH | $HCOOH$ | $HCOO^-$ | 3.76 | 2.8～4.8 |
| HOAc-NaOAc | $HOAc$ | $OAc^-$ | 4.74 | 3.8～5.8 |
| 六亚甲基四胺-HCl | $(CH_2)_6N_4H^+$ | $(CH_2)_6N_4$ | 5.15 | 4.2～6.2 |
| $NaH_2PO_4$-$Na_2HPO_4$ | $H_2PO_4^-$ | $HPO_4^{2-}$ | 7.20<br>$(pK_{a2}^{\ominus})$ | 6.2～8.2 |
| $Na_2B_4O_7$-HCl | $H_3BO_4$ | $H_2BO_3^-$ | 9.24 | 8.0～9.0 |
| $NH_4Cl$ | $NH_4^+$ | $NH_3$ | 9.26 | 8.3～10.3 |
| 氨基乙酸-NaOH | $^+NH_3CH_2COO^-$ | $NH_2CH_2COO^-$ | 9.60 | 8.6～10.6 |
| $NaHCO_3$-$Na_2CO_3$ | $HCO_3^-$ | $CO_3^{2-}$ | 10.25 | 9.3～11.3 |
| $Na_2HPO_4$-NaOH | $HPO_4^{2-}$ | $PO_4^{3-}$ | 12.32 | 11.3～12.0 |

### 四、电解质水溶液的摩尔电导率

| 浓度/mol·L$^{-1}$ | HCl | KCl | NaCl | NaOH | NaAc |
|---|---|---|---|---|---|
| 0.1 | 0.039132 | 0.012896 | 0.010674 | | 0.00728 |
| 0.05 | 0.039909 | 0.013337 | 0.011106 | | 0.007692 |
| 0.02 | 0.040724 | 0.013831 | 0.011551 | | 0.008124 |
| 0.01 | 0.041200 | 0.014127 | 0.011851 | 0.02380 | 0.008376 |
| 0.005 | 0.041580 | 0.014335 | 0.012065 | 0.02408 | 0.008572 |
| 0.001 | 0.042136 | 0.014695 | 0.012374 | 0.02447 | 0.00885 |
| 0.0005 | 0.042274 | 0.014781 | 0.012450 | 0.02456 | 0.00892 |
| 0 | 0.042616 | 0.014986 | 0.012645 | 0.02478 | 0.00910 |

### 五、水和空气界面上的表面张力

| $t/℃$ | $\sigma/N·m^{-1}$ | $t/℃$ | $\sigma/N·m^{-1}$ | $t/℃$ | $\sigma/N·m^{-1}$ |
|---|---|---|---|---|---|
| 0 | 0.07564 | 19 | 0.07290 | 30 | 0.007118 |
| 5 | 0.07492 | 20 | 0.07275 | 35 | 0.007038 |
| 10 | 0.07422 | 21 | 0.07259 | 40 | 0.06956 |
| 11 | 0.07407 | 22 | 0.07244 | 45 | 0.06874 |
| 12 | 0.07393 | 23 | 0.07228 | 50 | 0.06791 |
| 13 | 0.07378 | 24 | 0.07213 | 55 | 0.06705 |
| 14 | 0.07364 | 25 | 0.07197 | 60 | 0.06618 |
| 15 | 0.07349 | 26 | 0.07182 | 70 | 0.06442 |
| 16 | 0.07334 | 27 | 0.07166 | 80 | 0.06261 |
| 17 | 0.07319 | 28 | 0.07150 | 90 | 0.06075 |
| 18 | 0.07305 | 29 | 0.07135 | 100 | 0.05885 |

## 六、几种常见弱电解质的解离常数（298.15K）

| 电解质 | 分子式 | 解离常数 | 电解质 | 分子式 | 解离常数 |
|---|---|---|---|---|---|
| 醋酸 | HAc | $K_a^\ominus = 1.76 \times 10^{-5}$ | 甲酸 | HCOOH | $K_a^\ominus = 1.77 \times 10^{-5}$ (293.15K) |
| 氢氰酸 | HCN | $K_a^\ominus = 4.93 \times 10^{-10}$ | 亚硫酸 | $H_2SO_3$ | $K_{a1}^\ominus = 1.54 \times 10^{-2}$ (291.15K) $K_{a2}^\ominus = 1.02 \times 10^{-7}$ (291.15K) |
| 氢氟酸 | HF | $K_a^\ominus = 3.53 \times 10^{-4}$ | | | |
| 氢硫酸 | $H_2S$ | $K_{a1}^\ominus = 9.1 \times 10^{-8}$ (291.15K) $K_{a2}^\ominus = 1.1 \times 10^{-12}$ (291.15K) | 磷酸 | $H_3PO_4$ | $K_{a1}^\ominus = 7.52 \times 10^{-3}$ $K_{a2}^\ominus = 6.23 \times 10^{-8}$ $K_{a3}^\ominus = 2.2 \times 10^{-13}$ |
| 碳酸 | $H_2CO_3$ | $K_{a1}^\ominus = 4.3 \times 10^{-7}$ $K_{a2}^\ominus = 5.6 \times 10^{-11}$ | 氨水 | $NH_3 \cdot (H_2O)$ | $K_b^\ominus = 1.79 \times 10^{-5}$ |

## 七、常用的酸碱指示剂

| 指示剂 | 变色范围 (pH) | 颜色变化 | $pK_{HIn}^\ominus$ | 浓 度 | 用量 (滴/10mL 试液) |
|---|---|---|---|---|---|
| 百里酚蓝 | 1.2～2.8 | 红～黄 | 1.65 | $1g \cdot L^{-1}$的 20%乙醇溶液 | 1～2 |
| 甲基黄 | 2.9～4.0 | 红～黄 | 3.25 | $1g \cdot L^{-1}$的 90%乙醇溶液 | 1 |
| 甲基橙 | 3.1～4.4 | 红～黄 | 3.45 | $0.5g \cdot L^{-1}$的水溶液 | 1 |
| 溴酚蓝 | 3.0～4.6 | 黄～紫 | 4.1 | $1g \cdot L^{-1}$的 20%乙醇溶液或其钠盐水溶液 | 1 |
| 溴甲酚绿 | 4.0～5.6 | 黄～蓝 | 4.9 | $1g \cdot L^{-1}$的 20%乙醇溶液或其钠盐水溶液 | 1～3 |
| 甲基红 | 4.4～6.2 | 红～黄 | 5.0 | $1g \cdot L^{-1}$的 60%乙醇溶液或其钠盐水溶液 | 1 |
| 溴百里酚蓝 | 6.2～7.6 | 黄～蓝 | 7.3 | $1g \cdot L^{-1}$的 20%乙醇溶液或其钠盐水溶液 | 1 |
| 中性红 | 6.8～8.0 | 红～黄橙 | 7.4 | $1g \cdot L^{-1}$的 60%乙醇溶液 | 1 |
| 苯酚红 | 6.8～8.4 | 黄～红 | 8.0 | $1g \cdot L^{-1}$的 60%乙醇溶液或其钠盐水溶液 | 1 |
| 酚酞 | 8.0～10.0 | 无～红 | 9.1 | $1g \cdot L^{-1}$的 90%乙醇溶液 | 1～3 |
| 百里酚蓝 | 8.0～9.6 | 黄～蓝 | 8.9 | $1g \cdot L^{-1}$的 20%乙醇溶液 | 1～4 |
| 百里酚酞 | 9.4～10.6 | 无～蓝 | 10.0 | $1g \cdot L^{-1}$的 90%乙醇溶液 | 1～2 |

# 参 考 文 献

[1]　高职高专化学教材组编. 无机化学实验. 第2版. 北京：高等教育出版社，2002.

[2]　高职高专化学教材组编. 分析化学实验. 第2版. 北京：高等教育出版社，2002.

[3]　高职高专化学教材组编. 物理化学实验. 第2版. 北京：高等教育出版社，2002.

[4]　南京大学《无机及分析化学实验》编写组编. 无机及分析化学实验. 北京：高等教育出版社，2006.

[5]　叶芬霞. 无机及分析化学实验. 北京：高等教育出版社，2004.

[6]　侯海鸽等. 无机及分析化学实验. 哈尔滨：哈尔滨工业大学出版社，2005.

[7]　师兆忠等. 基础化学实验. 化学工业出版社，2006.

[8]　罗士平等主编. 基础化学实验（上）. 北京：化学工业出版社，2005.

[9]　罗士平等主编. 基础化学实验（下）. 北京：化学工业出版社，2005.

[10]　关荐伊等. 物理化学. 北京：化学工业出版社，2005.